编织大师经典作品系列

# 志田瞳
## 四季花样毛衫编织 4

〔日〕志田瞳 著　　蒋幼幼 译

河南科学技术出版社
·郑州·

# 目　录

# 精美雅致的棒针编织

这里汇集了精心编织的套头衫、开衫和披肩，使用的是优质棉纱与亚麻、真丝混纺的夏季特色线材。发挥线材特性设计的花样，在精致中散发着优雅的美感。尽情享受绝美的夏装编织吧！

# 1

## 大型花样的半袖套头衫

具有光泽的真丝与容易编织的棉线混纺成空心带子纱线，这款半袖高领套头衫就是用这种柔软的线材编织的。大型花样组合加上充满夏日气息的镂空花样，整件作品看上去十分凉爽。

使用线材／钻石线 Silk Elegante
编织方法／p.89

# 2

## 三角形花边半袖衫

纤细的金属线为半袖套头衫增添了
一份雅致和华丽。缩褶效果的花样
极富动感，在活力四射的夏季穿着
再合适不过了。

使用线材／钻石线 Masterseed Cotton
<Lame>

编织方法／ p.71

# 3

## 树叶花样七分袖开衫

这是一款七分袖无纽扣开衫，夏日空调房间里非常实用。与作品4搭配成两件套，更显精美时尚。

使用线材／钻石线 Silknotte
编织方法／ p.66

# 4

## 树叶花样无袖套头衫

清晰明快的树叶花样简洁地纵向排列，使这款无袖套头衫凉意十足。真丝、棉和人造丝的混纺材质凉爽舒适。

使用线材／钻石线 Silknotte
编织方法／ p.73

# 5

## 圆育克扇贝花样套头衫

圆育克套头衫的贝壳花样令人印象
深刻，身片部分是简洁利落的下针
编织。真是一款值得人们倍加珍惜
的夏日绝佳单品。

使用线材／钻石线 Masterseed Cotton
编织方法／ p.75

# 6

## 漂亮边缘的优雅开衫

优雅的开衫散发着淡淡的金属光泽。下摆、袖口、前门襟的漂亮边缘展现了手编特有的魅力。

使用线材／钻石线 Masterseed Cotton
<Lame>
编织方法／ p.77

# 7

## 休闲风半袖套头衫

这款直筒形套头衫透着些许亚麻的肌理感，麻花花样和镂空花样的组合给人休闲随性的印象，不失为方便穿搭的夏日佳品。

使用线材／钻石线 Masterseed Cotton \<Linen\>

编织方法／ p.79

# 8

## 精致的蕾丝套头衫

这是一款七分袖套头衫，精致的花样像极了细腻的蕾丝面料。边缘的搭配也非常漂亮，与真丝的华丽相得益彰。

使用线材／钻石线 Silk du Silk
编织方法／ p.81

# 9

## 飘逸的夏日大披肩

这是用真丝混纺线材编织的宽大披肩，散发着内敛、雅致的气息。装饰在边缘的串珠增加了垂感。夏季外出时将会非常实用。

使用线材／钻石线 Silknotte
编织方法／ p.83

# 时尚靓丽的钩针编织

这部分的作品主要使用专为钩针编织研发的细线，不仅容易编织，还非常适合表现细腻的花样。这里汇集了各种各样的设计，比如最能表现出段染线妙趣的连接花片等。

# 10

## 爱尔兰蕾丝花片圆领衫

这款半袖套头衫在小小的圆育克中嵌入了爱尔兰蕾丝花片。身片仿佛将花瓣撒落在简单的网格针中，整件作品给人的感觉非常清凉宜人。

使用线材／钻石线 Masterseed Cotton
<Crochet>
编织方法／p.87

# 11

## 菠萝花饰边短外搭

这是一款雅致的紫色长袖无纽扣短上衣，装饰在边缘的菠萝花华丽而精美。

使用线材／钻石线 Masterseed Cotton
<Crochet>
编织方法／p.84

# 12

## 色彩优雅的束腰长背心

钩针编织的花片与棒针编织相结合，打造出了备受喜爱的束腰长款背心。段染的效果更是锦上添花。

使用线材／钻石线 Masterseed Cotton <Print>

编织方法／ p.91

# 13

## 法式袖段染线小背心

这款法式袖背心使用的是色调柔和的段染线。夏季无须叠穿，可以直接当作套头衫穿着。

使用线材／钻石线 Masterseed Cotton <Print>
编织方法／ p.93

# 14

## 动感十足的横编式背心

这是一款横向编织的直筒形背心，
富有流动感的花样显得凉意十足。
胁部的开衩设计使穿着更加方便。

使用线材／钻石线 Masterseed Cotton
编织方法／p.95

# 夏日风情的休闲编织

这部分作品包括背心、开衫和套头衫，主要使用手感干爽的亚麻线，以及休闲感十足的花式线。作品自然轻便，很容易穿搭。

# 15

**大锯齿花样法式袖套头衫**

上下起伏的较大锯齿花样呈横条状排
列，扭针的罗纹针在其间纵向延伸，
整件法式袖套头衫看上去充满了活力。

使用线材／钻石线 Masterseed Cotton
<Linen>
编织方法／p.97

# 16

## 紫藤花大圆领套头衫

半袖套头衫的身片和袖口编织了紫藤花，散发着一抹怀旧气息。宽大的领口给人清凉的感觉，雅致的金属光泽与微妙的段染效果漂亮极了。

使用线材／钻石线 Dialuglio
编织方法／p.99

# 17

## 锁链花开襟式背心

仿佛从上部流淌下来的锁链花新颖独特。背心的花样结构十分巧妙，流动感中透着细腻的设计。

使用线材／钻石线 Masterseed Cotton <Linen>
编织方法／p.101

# 18

## 杉树林花样开衫

这是一件长款开衫，下摆的杉树林花样清晰明朗。不同寻常的边缘也是设计的一大亮点。

使用线材／钻石线 Masterseed Cotton
编织方法／ p.103

# 19

## 树叶花样 V 领套头衫

这款法式袖套头衫手感爽滑、穿着舒适。树叶花样从下摆往上延伸,贴合 V 领的走向设计,自然流畅。

使用线材／钻石线 Diasantafe
编织方法／ p.105

# 20

## 青果领插肩短袖
## 套头衫

这是一款插肩短袖套头衫，
长距离的段染效果十分优美。
小巧的青果领更是俏丽迷人。

使用线材／钻石线 Diacosta
编织方法／ p.107

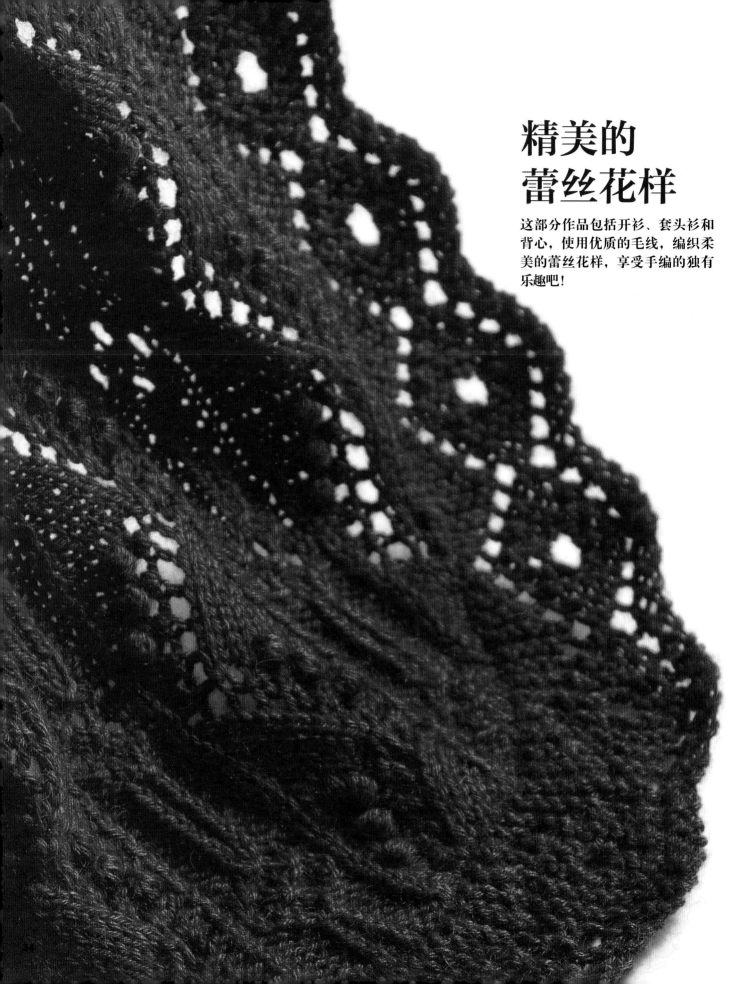

# 精美的
# 蕾丝花样

这部分作品包括开衫、套头衫和背心，使用优质的毛线，编织柔美的蕾丝花样，享受手编的独有乐趣吧！

# 21

## 褶裥袖无纽扣短上衣

这是一款使用优质毛线编织的无
纽扣短上衣，带小球的锯齿状蕾
丝花样以及带茎的小花花样呈纵
向排列。边缘在起伏针中加入了
蕾丝花样，锯齿形花边营造出可
爱的氛围。

使用线材／钻石线 Diaexceed
<Silkmohair>
编织方法／p.112

# 22

## 三角形下摆的 V 领背心

使用深色调的混色纱线编织，背心的前后下摆都是大大的三角形设计。简洁的纵向蕾丝花样整齐地向中心倾斜，形成 V 形领口。边缘灵活利用蕾丝花样的走向，全部编织扭针的单罗纹针。

使用线材／钻石线 Diaanhelo
编织方法／ p.109

# 23

## 波浪褶边 V 领套头衫

这是一款 V 领套头衫,漂亮的线材中捻入了金银丝线,心形蕾丝花样横向排列。腰部的分散加减针起到了收腰的效果,边缘的波浪褶边更是增添了华丽气息。

使用线材／钻石线 Tasmanian Merino <Lame>
编织方法／ p.118

# 24

## 三角形花边柔美开衫

使用轻柔透气的毛线编织的开衫十
分柔软。在蕾丝花样中绕线，制作
出有缩褶绣效果的菱形花样。下摆、
袖口与衣领的三角形花边大小不同，
为作品增加了些许变化。

使用线材／钻石线 Diamohairdeux
&lt;Alpaca&gt;
编织方法／ p.115

# 25

## 蕾丝花样圆育克套头衫

这款可爱的套头衫是用柔软的平直毛线编织而成的，运用了斜纹蕾丝花样，以及加入蕾丝的交叉花样。身片去掉了圆育克蕾丝花样中的小球，交替将花样的半边改成了下针。

使用线材／钻石线 Tasmanian Merino ＜Alpaca＞
编织方法／ p.120

# 26

## 扇形花边圆领套头衫

同一种花样分别按每行和每两行操作一次，将会演绎出迥异的优美花样。这款套头衫融入了这两种不同的编织效果。下摆和袖口巧妙地利用了扇形花样，衣领边缘则加入了小球花样作为点缀，宛如一串项链。

使用线材／钻石线 Tasmanian Merino
编织方法／p.122

# 27

## 蕾丝花样开衫

顺滑的优质毛线加上漂亮的蕾丝
花样，编织出了这款精美的开衫，
可以与作品28配套穿着。蕾丝
花样分为每一行和每两行编织一
次，还运用了结编和起伏针等多
种针法，整体花样显得格外华丽。

使用线材／钻石线 Diasilksufure
编织方法／p.128

# 28

## 蕾丝花样半袖套头衫

这款套头衫使用了作品 27 中的蕾丝花样。连续编织花样后，交界处又呈现出新的花样。下摆和袖口为了保持扇形边缘，编织了细窄的起伏针，衣领则将作品 27 中的边缘加长后改成了高领。

使用线材／钻石线 Diasilksufure

编织方法／ p.130

# 细腻的钩针花样

使用适合钩针编织的特色毛线，快乐地开始编织吧！钩针花样细腻精致，能很好地展现女性的婉约静雅。

# 29

## 郁金香花样套头衫

这款套头衫在可爱中透着些许优雅。金银线散发着雅致的光泽，最适合钩针编织了。身片和袖子布满了小巧的郁金香花样，边缘则用菠萝花样加以装饰。

使用线材／钻石线 Tasmanian Merino
<Fine> Lame
编织方法／ p.125

# 30

## 梯形连接花片披肩

黑色、灰色、原白色，使用这3种
颜色的柔软毛线钩织花形织片，再
用正方形和三角形的小花片填补空
隙，最后拼接成一款梯形的披肩。
黑白灰色调可与任何颜色配搭，也
可以尝试不同的佩戴方法。

使用线材／钻石线 Tasmanian Merino
<Fine>
编织方法／p.132

# 31 方眼针与花片边缘开衫

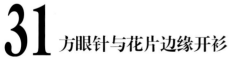

这款开衫使用了非常适合钩针编织的平直毛线。身片和袖子部分是简单的花样，下摆是横向编织的个性方眼针边缘，在方眼针的中间又加入了8片花瓣的花片。

使用线材／钻石线 Tasmanian Merino
<Fine>
编织方法／ p.133

# 32

**丝光闪烁灯笼袖套头衫**

黑色线中的金银线闪烁着雅致的光泽，精心编织的套头衫显得高贵典雅。这款作品组合使用了两种细腻的花样，在宽大的袖口钩织边缘进行收褶，制作出灯笼袖的形状。

使用线材／钻石线 Tasmanian Merino ＜Fine＞ Lame
编织方法／ p.136

# 用段染线编织的花样

这部分作品包括背心、套头衫和斗篷，使用柔软温暖的中粗毛线。绚丽多彩的渐变色，令花样呈现出美妙的别样风情。

# 33

## 绚丽多彩的盖肩袖背心

这款背心中设计的花样包括斜纹
蕾丝花样、结编、扭针的罗纹针。
用色彩鲜艳的段染线编织,呈现
出绚丽多彩的花样。下摆和袖口
巧妙利用了斜纹蕾丝花样的扇形
边缘。

使用线材／钻石线 Diascene
编织方法／p.142

# 34

## 立翻领休闲长款背心

这款背心的手感非常柔软，是用短距离渐变色的段染线编织而成的。三角形的蕾丝花样宛如连绵的山峰，从下摆到高腰位置通过分散减针逐渐缩小尺寸。注意前领的编织方法，领子翻开后，反面也能看到结编花样。

使用线材／钻石线 Diamohairdeux
<Alpaca> Print
编织方法／p.144

# 35

## 宽松的双翻领套头衫

多色混合段染线编织的套头衫穿搭非常方便。腰部的交叉花样起到了收腰效果。衣领部分反方向编织交叉针，向外翻折后就能呈现与腰部相同的花样。

使用线材／钻石线 Tasmanian Merino <Malti>
编织方法／p.146

# 36

## 两用式带小绒球的斗篷

多色渐变的漂亮段染线编织的斗篷
柔软蓬松，也可以当作超短裙穿着。
下摆与衣领的结编褶边和小绒球使
斗篷看上去更加俏丽迷人。

使用线材／钻石线 Diadomina
编织方法／p.148

# 浮雕效果的
# 交叉花样

这部分作品主要使用了交叉花样，
散发着浓浓的阿兰风情。略带粗
花呢效果的线材，让毛衫更柔美
雅致。

# 37

## 阿兰风翻领套头衫

这款套头衫使用了大量的扭针，由不同大小的花样构成。混合了少许异色的毛线呈现粗花呢般的效果，编织出的花样也别具韵味。圆领在前领中心加入了开口的设计，使领子外翻后更舒展。

使用线材／钻石线 Tasmanian Merino <Tweed>

编织方法／ p.139

# 38

## 树叶花样高领套头衫

使用略带粗花呢效果的灰粉色线编织，在双重菱形交叉花样中加入了树叶花样，使这款套头衫显得更加柔美。边缘的带小球蕾丝花样呈横向排列，给人十分可爱的印象。

使用线材／钻石线 Tasmanian Merino
<Tweed>
编织方法／ p.150

# 39

## 圆翻领七分袖套头衫

这款套头衫用色调沉稳的混色纱线编织而成，散发着成熟女性的魅力。用斜纹蕾丝切断基础麻花花样，细小的交叉花样和蕾丝花样呈纵向排列。

使用线材／钻石线 Diaanhelo
编织方法／ p.152

# 40

## 单颗纽扣开衫

这是一款交叉花样的开衫，毛线的编织效果非常漂亮，藏青色沉静雅致又不失可爱。边缘编织了小巧的1针交叉花样，衣领在相同的花样中加入了5针的枣形针。最后用下针编织1颗大大的包扣缝在领口。

使用线材／钻石线 Tasmanian Merino
编织方法／ p.154

# 本书使用线材一览
## （实物粗细）

| | 线名（缩写） | 成分 | 颜色数 | 规格 | 线长 | 粗细 | 使用针号 | 下针编织标准密度 | 特点 |
|---|---|---|---|---|---|---|---|---|---|
| 1 | Masterseed Cotton（MS） | 棉100%（Masterseed棉） | 20 | 30g/团 | 约106m | 粗 | 4~5号 | 25~27针 34~36行 | 使用"Masterseed"高级棉加工而成的优质平直毛线，手感柔软，拥有漂亮的光泽 |
| 2 | Masterseed Cotton <Lame>（MSL） | 棉98%（Masterseed棉）、涤纶2% | 14 | 30g/团 | 约102m | 粗 | 4~5号 | 25~26针 33~35行 | 优质的"Masterseed"棉加上纤细的银色金属线的光泽，造就了这款非常雅致的夏季线材 |
| 3 | Masterseed Cotton <Print>（MSP） | 棉100%（Masterseed棉） | 12 | 30g/团 | 约106m | 粗 | 4~5号 | 25~27针 34~36行 | 使用"Masterseed"棉加工而成的优质夏季线材，呈现随机变化的混染色调 |
| 4 | Masterseed Cotton <Linen>（MSN） | 棉56%（Masterseed棉）、麻44% | 13 | 30g/团 | 约96m | 粗 | 5~6号 | 22~24针 29~31行 | 在柔软的"Masterseed"棉中加入麻混纺而成的夏季线材 |
| 5 | Masterseed Cotton <Crochet>（MSC） | 棉100%（Masterseed棉） | 17 | 30g/团 | 约142m | 细 | 2/0~3/0号 | 36~38针 49~51行 | 使用"Masterseed"高级棉加工而成的钩编线材，拥有漂亮的光泽 |
| 6 | Silk du Silk（KK） | 真丝100% | 13 | 30g/团 | 约110m | 粗 | 4~5号 | 26~28针 33~35行 | 拥有独特的真丝手感和漂亮的光泽，是一款高级真丝线材 |
| 7 | Dialuglio（LL） | 棉35%、人造丝64%、涤纶1% | 8 | 30g/团 | 约114m | 粗 | 5~6号 | 22~24针 29~31行 | 这是一款彩色花式线，呈现多彩的段染效果，金属光泽若隐若现 |
| 8 | Silk Elegante（KE） | 真丝60%、棉40% | 14 | 30g/团 | 约128m | 粗 | 5~6号 | 24~26针 33~35行 | 由真丝与棉混纺而成的空心带子纱线，色调雅致，清爽宜人 |
| 9 | Silknotte（KT） | 真丝16%、棉54%、人造丝30% | 10 | 30g/团 | 约137m | 粗 | 5~6号 | 24~26针 30~32行 | 这是一款真丝混纺带子纱线，拥有漂亮的光泽和独特的质感，作品非常雅致 |
| 10 | Diacosta（CS） | 腈纶53%、人造丝47% | 21 | 40g/团 | 约136m | 粗 | 5~6号 | 21~22针 29~30行 | 长距离的色彩变化令人印象深刻，是一款富有光泽的花式线 |
| 11 | Diasantafe（TA） | 麻34%、黏胶纤维50%、锦纶16% | 15 | 40g/团 | 约128m | 粗 | 4~5号 | 24~25针 31~32行 | 麻的质感和漂亮的光泽是这款渐变段染线的独特之处 |
| 12 | Diasilksufure（KF） | 真丝40%、羊毛60% | 12 | 35g/团 | 约112m | 中粗 | 5~6号（4/0~5/0号） | 22~24针 30~32行 | 真丝与羊毛混纺的平直毛线，手感十分柔软顺滑 |
| 13 | Tasmanian Merino <Fine> Lame（DFL） | 羊毛98%（塔斯马尼亚美利奴羊毛）、涤纶2% | 10 | 35g/团 | 约172m | 中细 | （3/0~4/0号） | 34~35针 47~49行 | 使用优质的塔斯马尼亚美利奴羊毛，极细的金银线散发出雅致的光泽，这是一款钩针编织用线 |
| 14 | Diascene（SE） | 羊毛100% | 10 | 35g/团 | 约130m | 中粗 | 5~6号（5/0~6/0号） | 21~23针 29~31行 | 华丽的渐变绚丽多彩，这是一款100%羊毛的平直毛线 |
| 15 | Diaanhelo | 羊毛47%、人造丝27%、腈纶19%、涤纶7% | 8 | 35g/团 | 约124m | 中粗 | 5~6号（4/0~5/0号） | 23~25针 32~34行 | 干爽的手感是这款混色纱线的最大特色，多个季节均可编织，非常实用 |
| 16 | Diaanhelo | 羊毛100%（塔斯马尼亚美利奴羊毛） | 20 | 35g/团 | 约178m | 中细 | （3/0~4/0号） | 33~34针 48~50行 | 这是细款的塔斯马尼亚美利奴羊毛线，细腻的钩针作品也能编织出柔软的质感 |
| 17 | Tasmanian Merino <Tweed> | 羊毛100%（塔斯马尼亚美利奴羊毛） | 10 | 40g/团 | 约120m | 中粗 | 5~6号（4/0~5/0号） | 22~23针 30~32行 | 在塔斯马尼亚美利奴羊毛线中混染少许不同的颜色，呈现粗花呢般的效果 |
| 18 | Diamohairdeux <Alpaca> Print（MDP） | 马海毛40%（小马海毛）、羊驼绒10%（幼羊驼绒）、腈纶50% | 10 | 40g/团 | 约160m | 中粗 | 6~7号（5/0~6/0号） | 19~21针 25~27行 | 在轻柔的Diamohairdeux <Alpaca>线中随机加入颜色，呈现混染的效果 |
| 19 | Diamohairdeux <Alpaca>（MD） | 马海毛40%（小马海毛）、羊驼绒10%（幼羊驼绒）、腈纶50% | 16 | 40g/团 | 约160m | 中粗 | 6~7号（5/0~6/0号） | 19~21针 25~27行 | 在小马海毛中加入幼羊驼绒混纺的毛线，手感柔软蓬松 |
| 20 | Tasmanian Merino <Malti>（DTM） | 羊毛100%（塔斯马尼亚美利奴羊毛） | 12 | 40g/团 | 约142m | 中粗 | 5~6号（4/0~5/0号） | 22~24针 30~32行 | 以塔斯马尼亚美利奴羊毛为材料的新款平直毛线，自然的渐变色令人回味 |
| 21 | Diadomina | 羊毛50%、马海毛21%（小马海毛）、锦纶29% | 20 | 40g/团 | 约112m | 中粗 | 6~7号（5/0~6/0号） | 20~22针 25~27行 | 15种颜色相互融合展现出美妙的渐变色彩，柔软的小马海毛使毛线表面轻微起绒，给人温暖的感觉 |
| 22 | Tasmanian Merino（DT） | 羊毛100%（塔斯马尼亚美利奴羊毛） | 35 | 40g/团 | 约120m | 中粗 | 5~6号（4/0~5/0号） | 22~23针 30~32行 | 使用高级的塔斯马尼亚美利奴羊毛为材料。手感柔软、织物精美是这款线材的最大特点 |
| 23 | Tasmanian Merino <Lame>（DTL） | 羊毛97%（塔斯马尼亚美利奴羊毛）、涤纶3% | 15 | 40g/团 | 约124m | 中粗 | 5~6号（5/0~6/0号） | 22~24针 31~33行 | 在优质的塔斯马尼亚美利奴羊毛中捻入金银线，是一款非常漂亮的平直毛线 |
| 24 | Tasmanian Merino <Alpaca>（DTA） | 羊驼绒30%（幼羊驼绒）、羊毛70%（塔斯马尼亚美利奴羊毛） | 13 | 40g/团 | 约146m | 粗 | 4~6号（4/0~5/0号） | 24~26针 34~36行 | 由优质的塔斯马尼亚美利奴羊毛与幼羊驼绒混纺而成，是一款柔软顺滑的平直毛线 |
| 25 | Diaexceed <Silkmohair>（EXK） | 真丝35%、羊毛49%（塔斯马尼亚美利奴羊毛）、马海毛9%（小马海毛）、锦纶7% | 16 | 40g/团 | 约120m | 中粗 | 5~6号（5/0~6/0号） | 22~24针 30~32行 | 将真丝与塔斯马尼亚美利奴羊毛混纺成平直毛线，再与柔软的小马海毛合捻，是一款漂亮的优质毛线 |

★线的粗细是比较笼统的表述，仅供参考。此外，下针编织标准密度的数据来自厂商。
★本书编织图中末标单位的表示尺寸的数字均以厘米（cm）为单位。

# 作品的编织方法

page8

**3**

● **材料** 钻石线 Silknotte（粗）白色（101）170g/6团

● **工具** 棒针4号、3号，钩针4/0号

● **成品尺寸** 胸围94cm，肩宽35cm，衣长43cm，袖长40cm

● **编织密度** 10cm×10cm面积内：编织花样24针，31行

● **编织方法和组合方法** 身片…在下摆位置另线锁针起针后，按编织花样编织。因为袖窿和前领窝的左右花样不同，如图所示利用花样减针。袖子…编织要领与身片相同，如图所示减针。袖口解丌另线锁针的起针，如图所示一边减针一边做伏针收针。接着编织上针，结束时做伏针收针，再翻至反面做藏针缝。组合…肩部做引拔接合，胁部、袖下做挑针缝合。下摆和前门襟将前、后身片连起来挑针，与袖口一样编织，在下摆转角如图所示加针。蝴蝶结的带子是用钩针在棒针上钩织锁针起针，然后与领口一起挑针后编织。袖子与身片做引拔缝合。

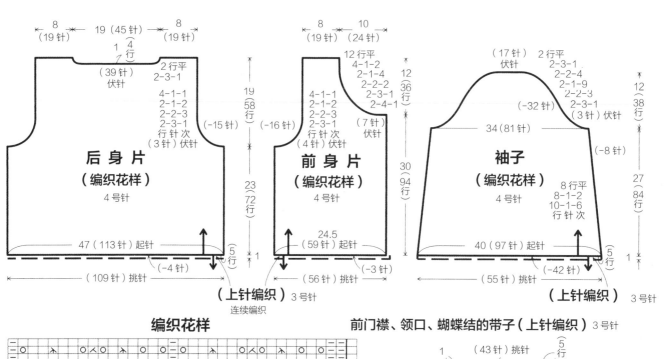

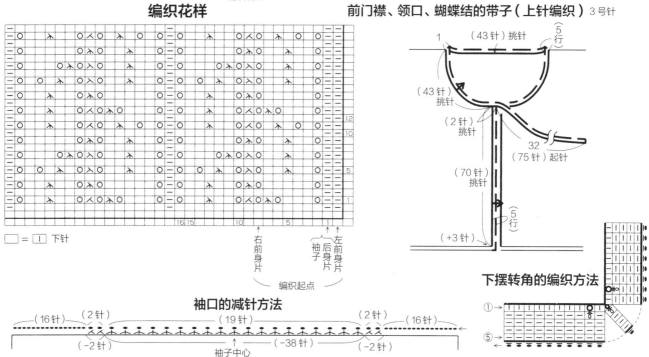

66

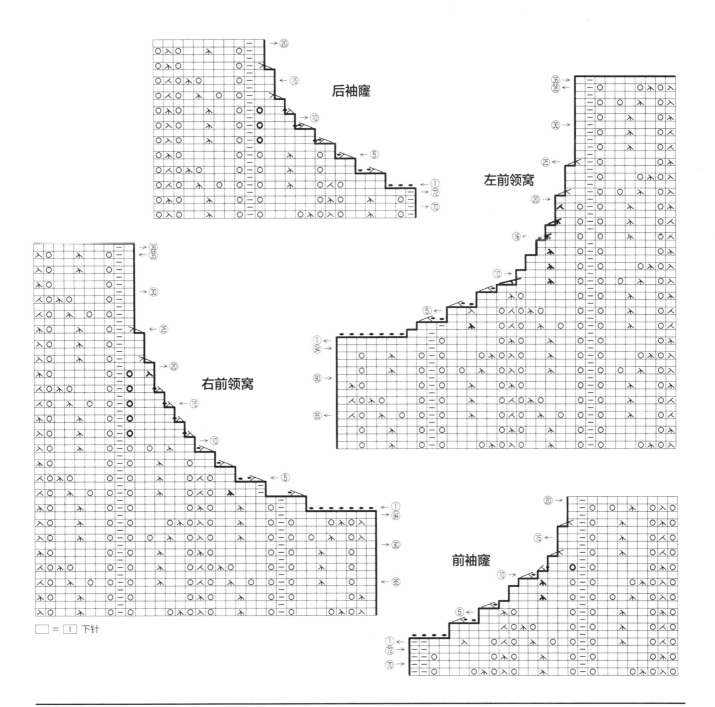

后袖窿

左前领窝

右前领窝

前袖窿

□ = ① 下针

扭针的罗纹针收针

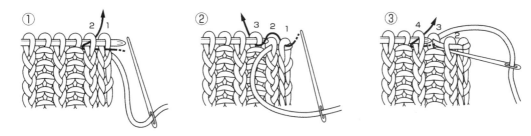

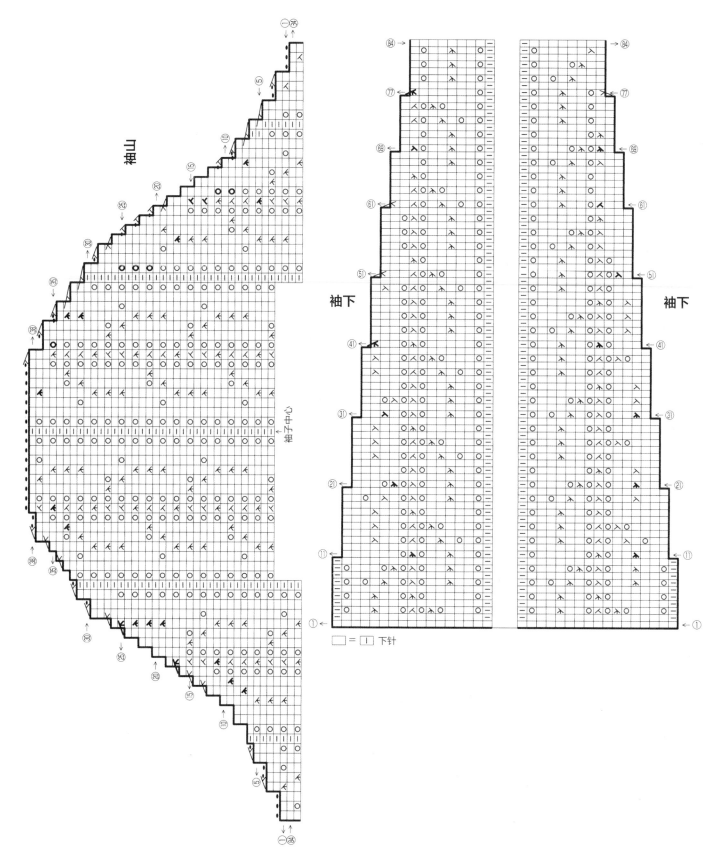

袖山

袖子中心

袖下

袖下

□ = ① 下针

●**材料** 钻石线 Silk Elegante（粗）米色（704）250g/9团，直径1.2cm的纽扣2颗

●**工具** 棒针6号、5号、4号，钩针3/0号

●**成品尺寸** 胸围92cm，肩宽36cm，衣长55.5cm，袖长22.5cm

●**编织密度** 10cm×10cm面积内：编织花样A 29针，38行

●**编织方法和组合方法** 身片…手指挂线起针后按编织花样A编织，如图所示做分散加

针，并在袖窿和领窝减针。袖子…另线锁针起针后，如图所示按编织花样C编织。袖口解开起针时的另线锁针后按编织花样C编织，在第11行减针，结束时做扭针的单罗纹针收针。组合…肩部做盖针接合，胁部、袖下做挑针缝合。下摆另线锁针起针后按编织花样B编织，连接成环形，再与身片做针与行的接合。衣领的编织要领与袖口相同，按编织花样C编织。袖子与身片做引拔缝合。

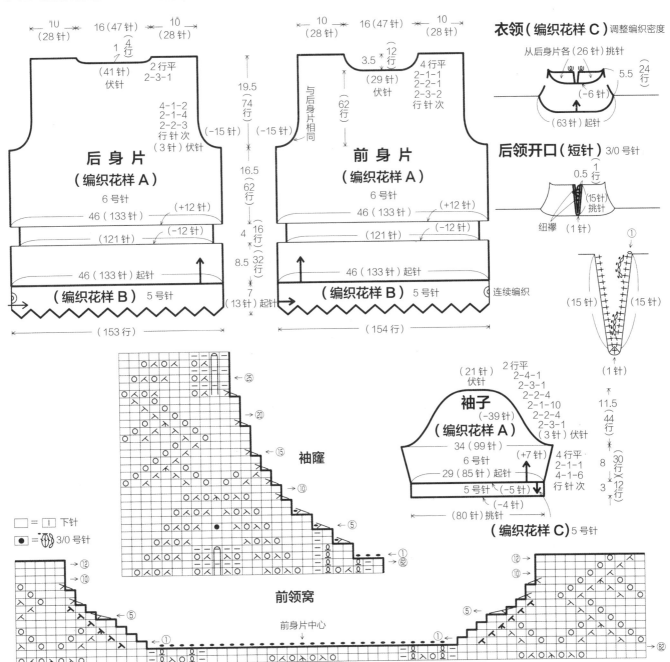

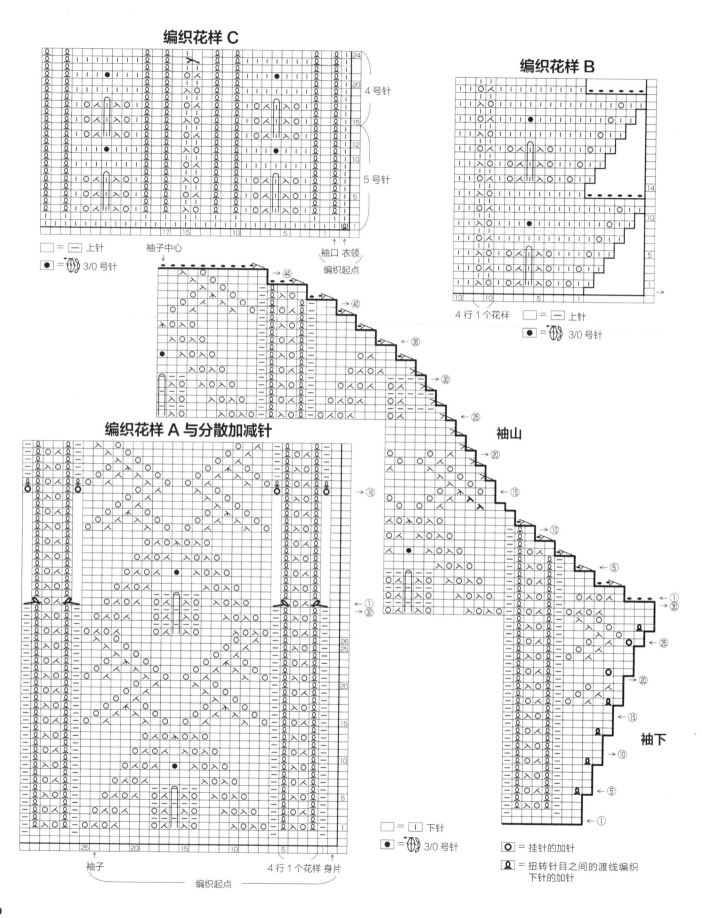

编织花样 C

4号针
5号针

□ = 上针
● = 3/0 号针

袖子中心

袖口 衣领
编织起点

编织花样 B

4 行 1 个花样　□ = 上针
● = 3/0 号针

袖山

编织花样 A 与分散加减针

袖下

□ = 下针
● = 3/0 号针

○ = 挂针的加针
Ω = 扭转针目之间的渡线编织
下针的加针

袖子

4 行 1 个花样 身片

编织起点

● **材料** 钻石线 Masterseed Cotton <Lame>（粗）粉红色+银色金属线（215）265g/9团

● **工具** 棒针5号、4号、3号

**page7**

# 2

● **成品尺寸** 胸围94cm，肩宽35cm，衣长54.5cm，袖长22.5cm

● **编织密度** 10cm×10cm面积内：编织花样A 31针，30行

● **编织方法和组合方法** 身片…在下摆另线锁针起针后按编织花样A编织，因为每行都要编织花样，所以反面行也要操作。袖窿和领窝做伏针减针和立起侧边1针减针。下摆解开另线锁针的起针后编织起伏针，结束时利用花样的扇形做上针的伏针收针，注意线不要拉得太紧。袖子…编织要领与身片相同，一边替换针号，一边如图所示在袖下和袖山做加减针。组合…肩部做盖针接合，胁部、袖下做挑针缝合。衣领挑针后按编织花样B环形编织，结束时做扭针的单罗纹针收针。袖子与身片做引拔缝合。

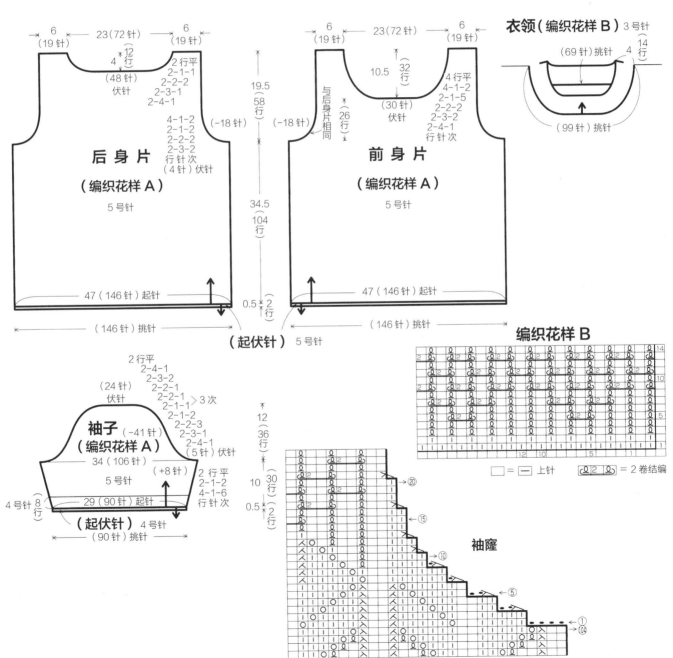

**衣领**（编织花样B）3号针

**后身片**（编织花样A）5号针

**前身片**（编织花样A）5号针

**袖子**（编织花样A）

**编织花样B**

□ = │─│ 上针　ρ 2 ρ = 2卷结编

**袖窿**

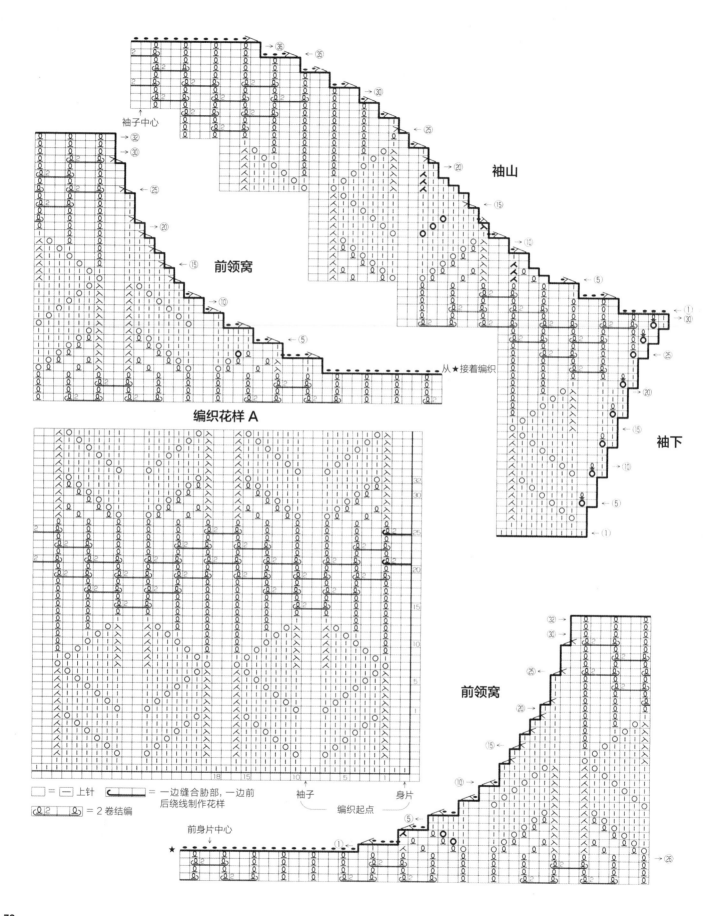

袖山

袖子中心

前领窝

袖下

从★接着编织

编织花样 A

前领窝

□ = □ 上针
⌒⌒ = 一边缝合胁部，一边前后绕线制作花样
= 2 卷结编

前身片中心

★

袖子　身片
编织起点

page9

**4**

●**材料** 钻石线 Silknotte（粗）白色（101）150g/5团

●**工具** 棒针4号、3号、2号，钩针2/0号

●**成品尺寸** 胸围92cm，肩宽35cm，衣长54cm

●**编织密度** 10cm×10cm面积内：编织花样A 27针，34行

●**编织方法和组合方法** 后身片…在下摆另线锁针起针后，做编织花样A和下针编织。

胁部减针时立起侧边1针减针，加针时在侧边1针的内侧做扭针加针。袖窿注意左右花样的位置不同，如图所示减针。下摆解开起针时的另线锁针后按编织花样B编织，结束时做伏针收针。前身片…编织要领与后身片相同，在领窝的两端做卷针加针。组合…肩部做引拔接合，胁部做挑针缝合。衣领、袖窿按编织花样C环形编织，在衣领转角如图所示减针，结束时做扭针的罗纹针收针。

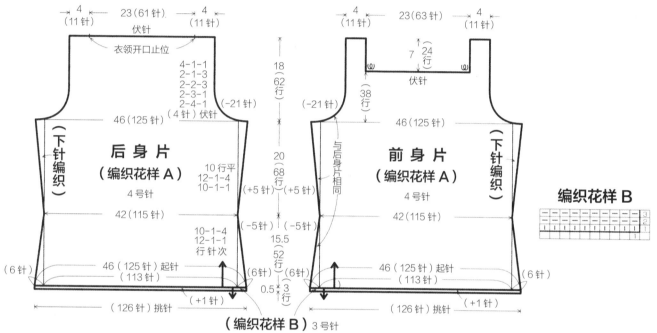

**后身片（编织花样A）4号针**

**前身片（编织花样A）4号针**

**编织花样B**

4（11针）　23（61针）　4（11针）
伏针
衣领开口止位
4-1-1
2-1-3
2-2-3
2-3-1
2-4-1 （-21针）
（4针）伏针
46（125针）
10 行平
12-1-4
10-1-1 （+5针）（+5针）
42（115针）
（-5针）（-5针）
10-1-4
12-1-1 行针次
（6针）
46（125针）起针
（113针）
（126针）挑针 （+1针）
（下针编织）

18（62行）
20（68行）
与后身片相同
15.5（52行）
0.5（3行）

（编织花样B）3号针

4（11针）　23（63针）　4（11针）
7（24行）
伏针
38 行
（-21针）
46（125针）
42（115针）
46（125针）起针
（113针）
（126针）挑针 （+1针）
（6针）
（下针编织）

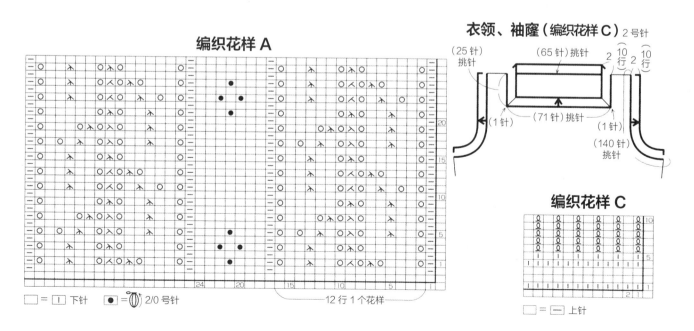

**编织花样A**

12 行 1 个花样

□＝|下针　●＝〰 2/0号针

**衣领、袖窿（编织花样C）2号针**

（25针）挑针　（65针）挑针　2 10 行 2 10 行
（1针）　（71针）挑针　（1针）
（140针）挑针

**编织花样C**

□＝－上针

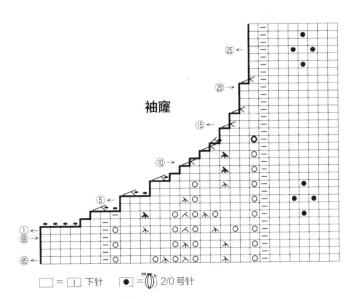

袖窿

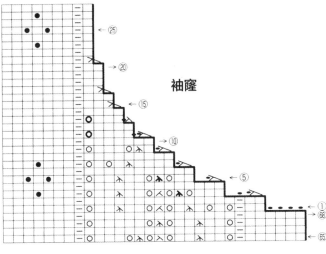

袖窿

□ = □ 下针　● = ◯ 2/0 号针

## 衣领转角的编织方法

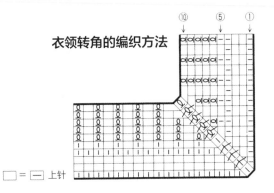

□ = □ 上针

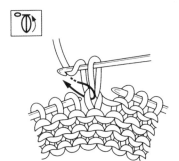

1 用钩针松松地拉出 1 针，挂线，在同一个针目里插入钩针。

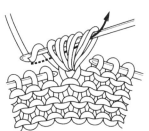

2 挂线后拉出。共重复 3 次，然后一次性引拔穿过所有线圈。

3 如图所示再引拔 1 次，收紧针目。

4 将枣形针倒向前面，如箭头所示插入钩针引拔。

1 交换 2 针的位置，然后如箭头所示插入右棒针，不编织，直接移至右棒针上。

2 在第 3 针里插入右棒针，挂线后拉出，编织下针。

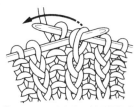

3 在刚才移过来的 2 针里插入左棒针，将其覆盖在已织针目上。

4 扭针的中上 3 针并 1 针完成。

74

●**材料** 钻石线 Masterseed Cotton（粗）
白色（101）240g/8团

●**工具** 棒针5号、4号、3号，钩针4/0号、
2/0号

●**成品尺寸** 胸围92cm，衣长53cm，连肩
袖长32cm

●**编织密度** 10cm×10cm面积内：下针
编织26针，33行；编织花样A、A'均为26
针，38行

●**编织方法和组合方法** 身片⋯在下摆另线
锁针起针后做编织花样A和下针编织，腰部

page10
**5**

位置的10行换成4号针编织。下摆解开另线锁
针的起针后做边缘编织，先编织2行起伏针，
然后用钩针做上针的引拔收针和枣形针。育
克⋯从左袖口处另线锁针起针，再从身片挑
针，按编织花样A'环形编织，如图所示做
分散减针。衣领编织扭针的单罗纹针，结束
时做扭针的罗纹针收针。组合⋯肋部做挑针
缝合。袖窿从○、×处挑针，从育克解开的
另线锁针的起针挑针，环形编织扭针的单罗
纹针。

## 衣领、袖口（扭针的单罗纹针）3号针

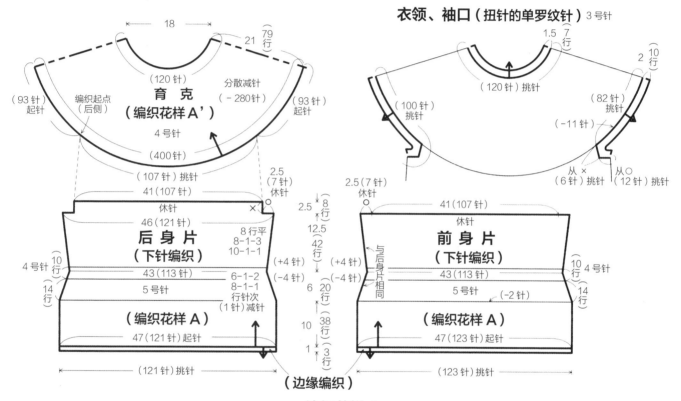

## 编织花样 A

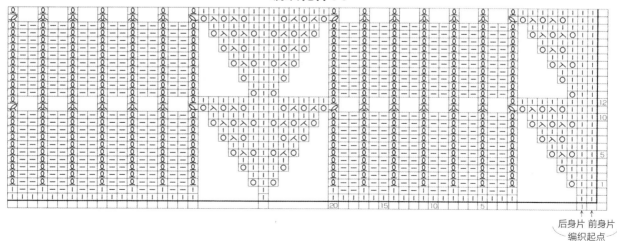

## 编织花样 A'

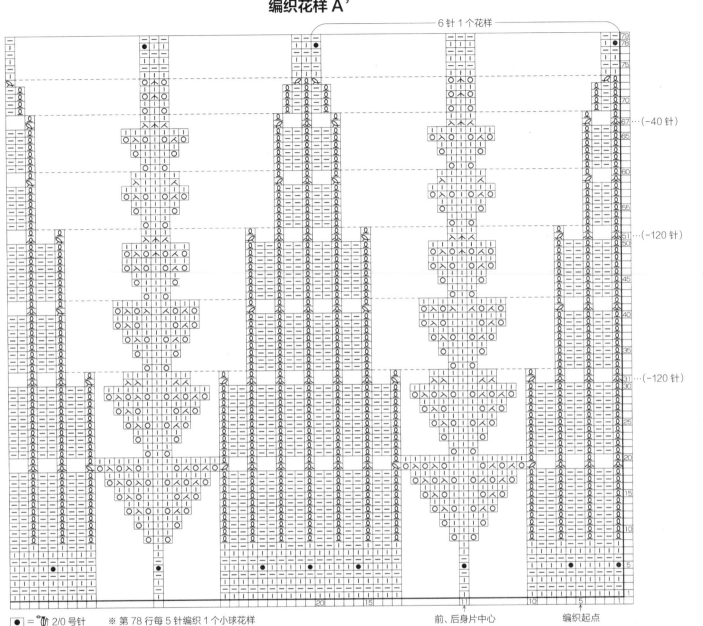

6针1个花样

79
78
75

70

67 …(-40针)
65

60

51 …(-120针)
50
45

40

35

31 …(-120针)
30

25

20

15

10

5

20  15  11  10  5  1

前、后身片中心　　编织起点

■ = 2/0 号针　　※ 第 78 行每 5 针编织 1 个小球花样

## 边缘编织

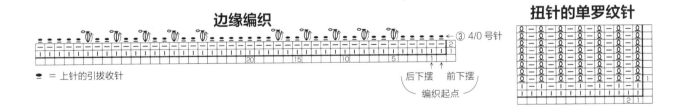

③ 4/0 号针

20  15  10  5

后下摆　前下摆
编织起点

● = 上针的引拔收针

## 扭针的单罗纹针

2  1

page12

**6**

●**材料** 钻石线 Masterseed Cotton <Lame>
（粗）原白色+银色金属线（213）260g/9团，
直径1.5cm的纽扣6颗

●**工具** 棒针4号、2号

●**成品尺寸** 胸围97.5cm，肩宽33cm，衣长
53.5cm，袖长19.5cm

●**编织密度** 10cm×10cm面积内：编织花
样A、A'均为29针，37行

●**编织方法和组合方法** 身片…在下摆另线

锁针起针后按编织花样A'、A编织，袖窿
和前领窝如图所示利用花样减针。下摆解开
另线锁针的起针后编织起伏针，结束时利用
花样的扇形做上针的伏针收针，注意线不要
拉得太紧。袖子…编织要领与身片相同。组
合…肩部做盖针接合，胁部、袖下做挑针缝
合。衣领、前门襟按编织花样B编织，在右前
门襟留出扣眼，结束时做扭针的单罗纹针收
针。袖子与身片做引拔缝合。

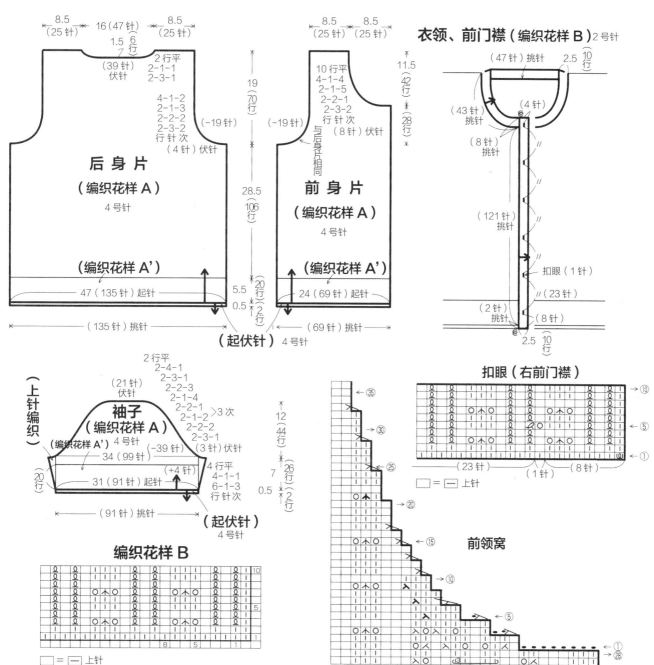

后身片（编织花样A）4号针
（编织花样A'）
47（135针）起针
（135针）挑针
（起伏针）4号针

前身片（编织花样A）4号针
（编织花样A'）
24（69针）起针
（69针）挑针

袖子（编织花样A）4号针
（编织花样A'）4号针
34（99针）
31（91针）起针
（91针）挑针
（起伏针）4号针
（上针编织）

衣领、前门襟（编织花样B）2号针

扣眼（右前门襟）
（23针）（1针）（8针）
□ = ⊡ 上针

前领窝

编织花样B
□ = ⊡ 上针

## 编织花样 A

6行1个花样

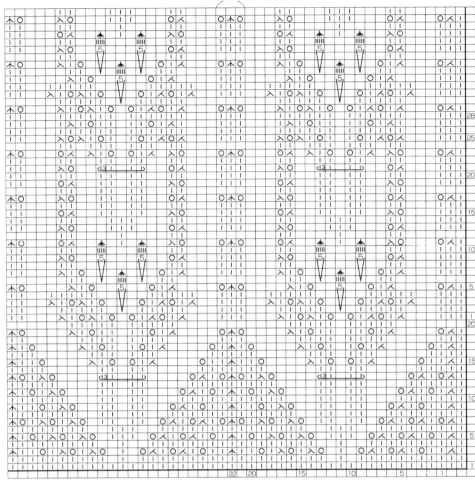

（编织花样 A'）

□ = ⊢ 上针    ⊏3╌╎╌╎╌⊐ = 3 卷结编

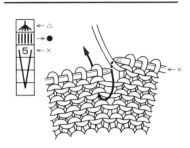

**1** 编织 × 行时，如箭头所示在前3行的针目里插入棒针。

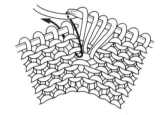

**2** 在同一个针目里插入棒针编织"下针、挂针、下针、挂针、下针"，注意将针目拉出一定高度。

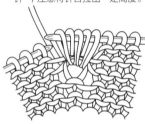

**3** 取下左棒针上的针目解开，下一行照常编织上针。

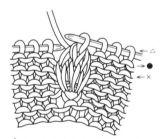

**4** 在 △ 行编织中上5针并1针，完成。

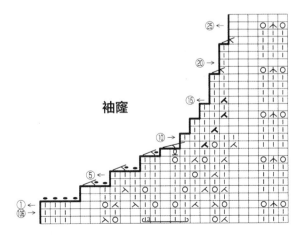

袖窿

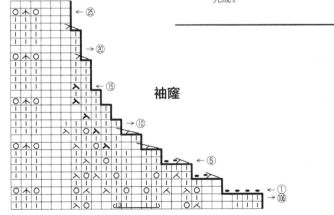

袖窿

● **材料** 钻石线 Masterseed Cotton <Linen>（粗）浅米色（802）290g/10团

● **工具** 棒针5号、3号

● **成品尺寸** 胸围94cm，肩宽38cm，衣长53.5cm，袖长25.5cm

● **编织密度** 10cm×10cm面积内：编织花样A 28针，34行

● **编织方法和组合方法** 身片…在下摆另线锁针起针后，按编织花样A编织。袖窿做伏针减针，领窝做伏针减针和立起侧边1针减针。下摆解开另线锁针的起针后按编织花样B编织，结束时做双罗纹针收针。袖子…另线锁针起针，袖下一边在侧边1针内侧做扭针加针一边做上针编织，结束时做伏针收针。袖口平均减针后编织双罗纹针。组合…肩部做盖针接合，袖子与身片做针与行的接合，胁部、袖下连续做挑针缝合。衣领挑针后按编织花样B环形编织，结束时做双罗纹针收针。

page13

**7**

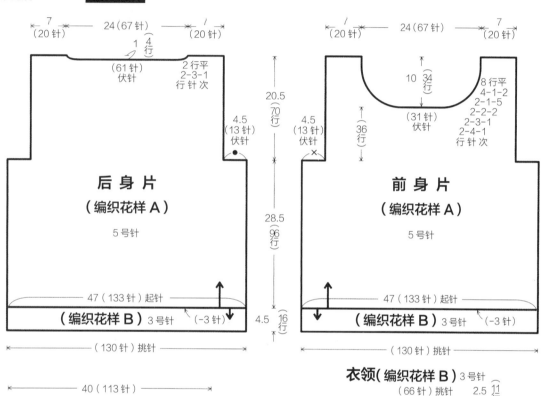

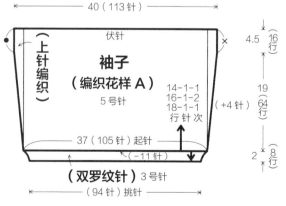

※ 分别对齐标记 ●、× 做接合

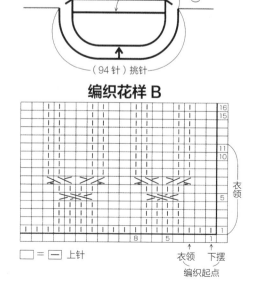

□ = ─ 上针

## 编织花样 A

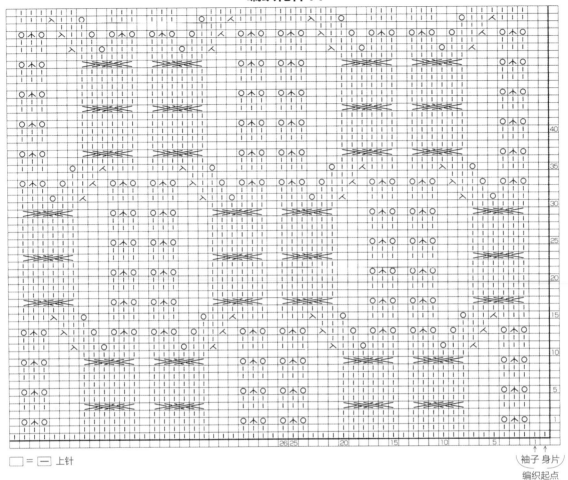

□ = $\boxed{-}$ 上针

前领窝

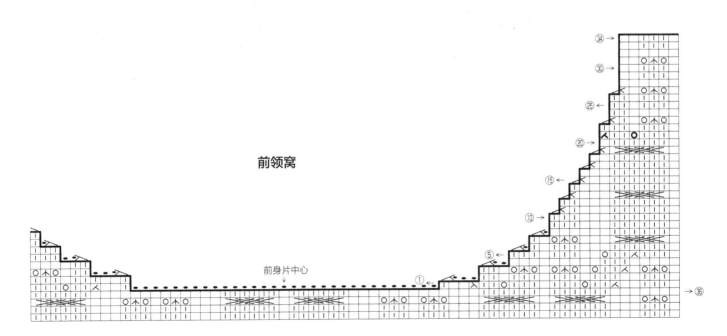

●**材料** 钻石线 Silk du Silk（粗）米色
（802）265g/9团
●**工具** 棒针5号、3号
●**成品尺寸** 胸围92cm，肩宽35cm，衣长
52cm，袖长37.5cm
●**编织密度** 10cm×10cm面积内：编织花
样A 28针，33行
●**编织方法和组合方法** 身片…在下摆另线
锁针起针后，按编织花样A编织。因为每行
都要编织花样，所以反面行也要操作。在腰

page14

# 8

部做分散加减针，袖窿和前领窝如图所示减
针，斜肩做引返编织。下摆解开另线锁针的
起针，平均加针后按编织花样B编织，结束时
做扭针的单罗纹针收针。袖子…另线锁针起
针后按编织花样A编织，袖下在侧边1针内侧
做扭针加针，袖山如图所示利用花样减针。
组合…肩部做盖针接合，胁部、袖下做挑针
缝合。领口按编织花样B环形编织。袖子与身
片做引拔缝合。

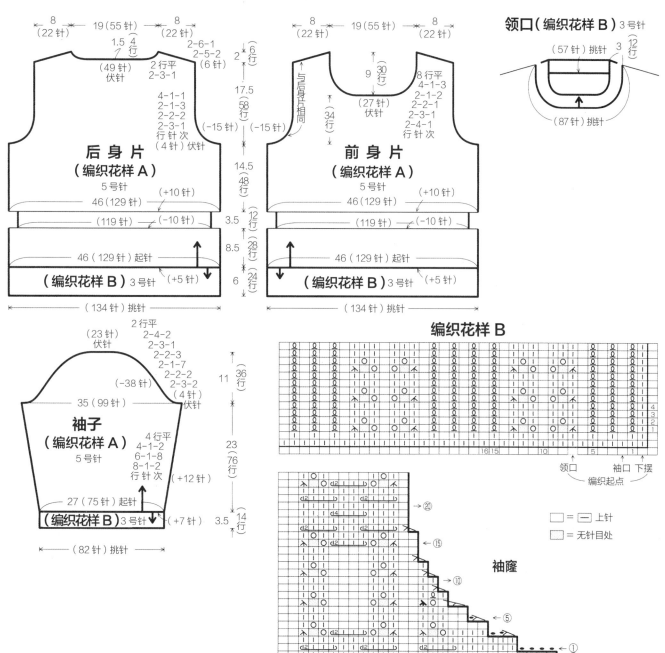

81

## 编织花样 A 与分散加减针

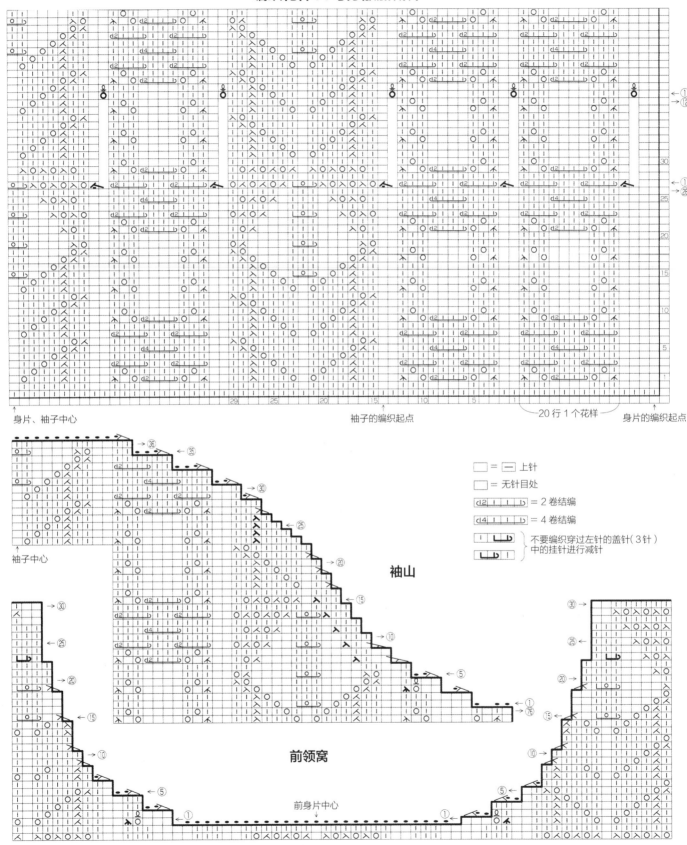

身片、袖子中心

袖子的编织起点

20行1个花样　身片的编织起点

袖子中心

袖山

前领窝

前身片中心

□ = 〔─〕上针
□ = 无针目处
〔d2｜｜｜b〕 = 2 卷结编
〔d4｜｜｜b〕 = 4 卷结编
〔｜｜｜b〕 不要编织穿过左针的盖针（3针）
〔└└b｜〕 中的挂针进行减针

82

page16

**9**

●**材料** 钻石线 Silknotte（粗）浅紫藤色
（102）135g/5团，大号串珠 白色 344颗

●**工具** 棒针6号，钩针4/0号、3/0号

●**成品尺寸** 宽42cm，长153cm

●**编织密度** 10cm×10cm面积内：编织花
样20针，29行

●**编织方法和组合方法** 披肩…另线锁针起
针后，按编织花样无须加减针编织422行。

组合…在周围钩织引拔针调整形状。从编织
终点紧接着做引拔收针，注意平均钩织锁针
加针。行的部分在1针内侧均匀挑取395针钩
织引拔针。编织起点解开另线锁针的起针，
与编织终点一样钩织引拔针和锁针，在转角
各钩1针锁针。接着在线中穿入串珠，钩织边
缘。如图所示在转角加针，在第3行的短针里
钩入1颗串珠，在锁针之间钩3颗串珠。

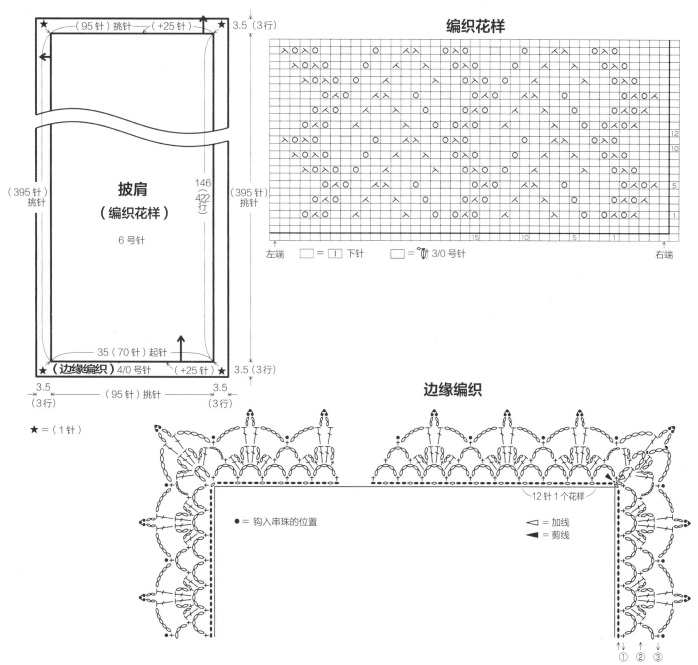

83

page21

**11**

●**材料** 钻石线 Masterseed Cotton <Crochet>（细）紫色（317）270g/9团

●**工具** 钩针2/0号

●**成品尺寸** 胸围94cm，肩宽37cm，衣长44.5cm，袖长53.5cm

●**编织密度** 10cm×10cm面积内：编织花样3个花样，15行

●**编织方法和组合方法** 身片…在下摆锁针起针后按编织花样编织，袖窿和后领窝参照图1、图2减针。前身片的下摆弧度参照图3一边渡线一边做引返编织。袖子…参照图4编织，在袖下和袖山做加减针。组合…肩部根据针目状态钩织"1针引拔针、3～4针锁针"做锁针接合，胁部、袖下也按相同要领做锁针缝合。后下摆平均减针，前下摆、前门襟、衣领如图所示挑针后环形编织边缘。袖口将贝壳花样之间的短针改成6针，按14针1个花样编织边缘。袖子与身片做锁针缝合。

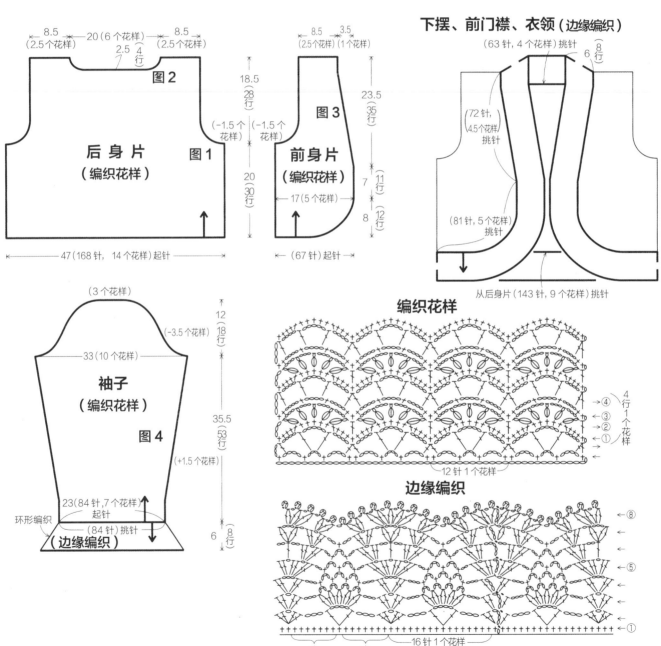

图2

8.5（2.5个花样） 20（6个花样） 8.5（2.5个花样）

2.5（4行）

图1

**后身片**（编织花样）

18.5（28行）

（-1.5个花样）（-1.5个花样）

20（30行）

47（168针，14个花样）起针

图3

8.5（2.5个花样） 3.5（1个花样）

**前身片**（编织花样）

23.5（35行）

7（11行）

8（12行）

17（5个花样）

（67针）起针

**下摆、前门襟、衣领**（边缘编织）

（63针，4个花样）挑针

6（8行）

（72针，4.5个花样）挑针

（81针，5个花样）挑针

从后身片（143针，9个花样）挑针

（3个花样）

**袖子**（编织花样）

图4

12（18行）

（-3.5个花样）

33（10个花样）

35.5（53行）

（+1.5个花样）

23（84针，7个花样）起针

环形编织

（84针）挑针

（边缘编织）

6（8行）

**编织花样**

④③②① 4行1个花样

12针1个花样

**边缘编织**

⑧⑤①

16针1个花样

★袖口将中间的7针短针改成6针，按14针1个花样编织

84

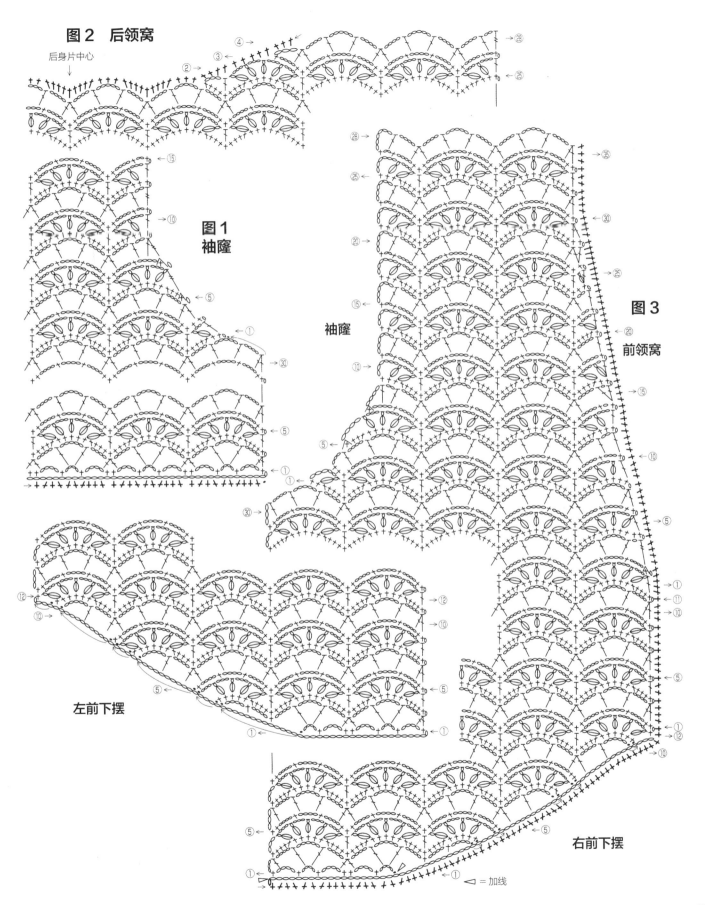

图2 后领窝

后身片中心

图1
袖窿

袖窿

图3
前领窝

左前下摆

右前下摆

◁ = 加线

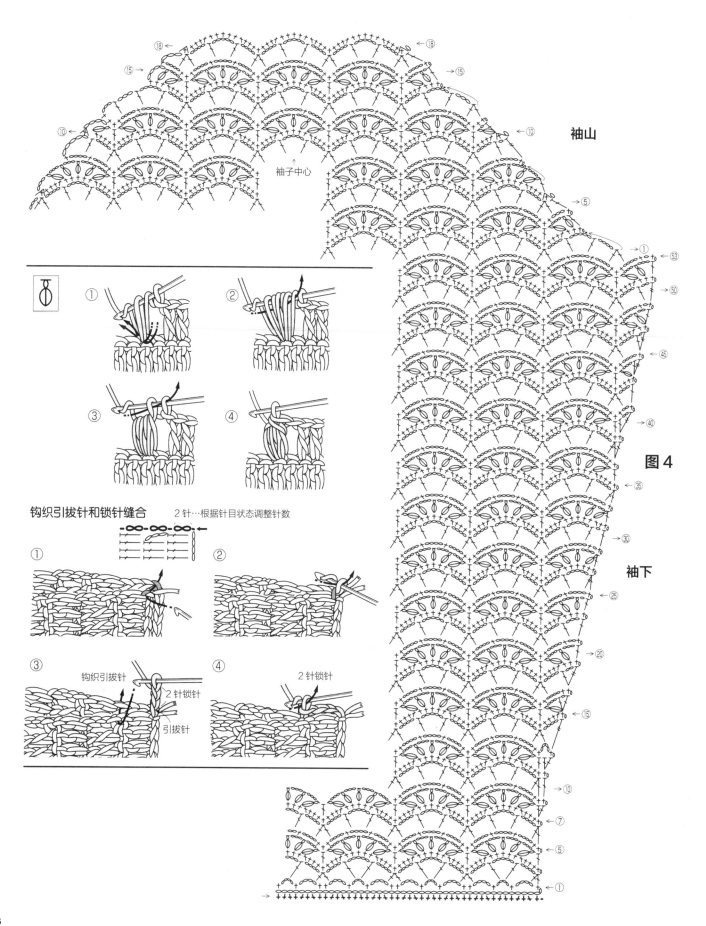

袖山

袖子中心

图4

袖下

钩织引拔针和锁针缝合　2针…根据针目状态调整针数

① ② ③ ④

钩织引拔针
2针锁针
引拔针

2针锁针

page19

**10**

● **材料** 钻石线 Masterseed Cotton <Crochet>
（细）原白色（301）200g/7团
● **工具** 钩针2/0号，蕾丝钩针2号
● **成品尺寸** 胸围94cm，肩宽37cm，衣长
52cm，袖长21cm
● **编织密度** 10cm×10cm面积内：编织花
样约8个网格，16行；花片A为6cm×5.5cm
的六角形
● **编织方法和组合方法** 除边缘编织C的第
2~4行之外，均用2/0号针编织。身片…在下

摆锁针起针后，按编织花样编织，如图所示
做加减针。袖子…参照图5编织，在袖下和袖山
做加减针。育克…花片A钩织11片，从第2片
开始与前一个花片做引拔连接。花片B、C也
按相同要领一边钩织一边连接。组合…肩
部做锁针接合，胁部、袖下做锁针缝合。下
摆、袖口按边缘编织A编织。领窝一边按边
缘编织B编织，一边与育克的花片做引拔连
接。衣领按边缘编织C编织，在后领减3针。
袖子与身片做锁针缝合。

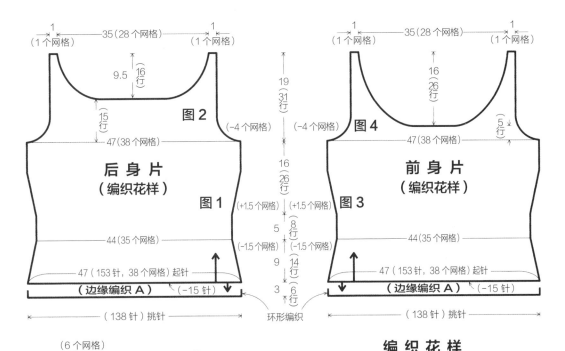

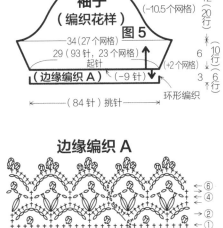

**编织花样**

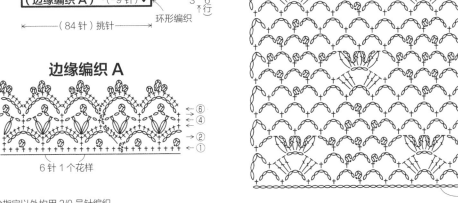

**边缘编织 A**

※ 除指定以外均用 2/0 号针编织

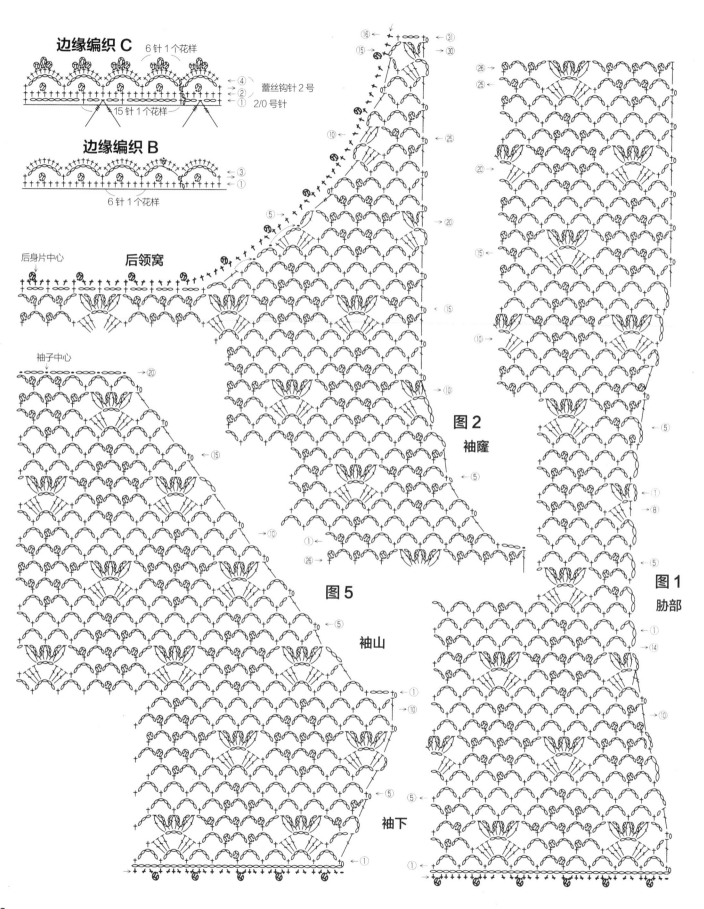

边缘编织 C

6针1个花样

→④
→② 蕾丝钩针2号
→① 2/0号针

15针1个花样

边缘编织 B

→③
→①

6针1个花样

后身片中心　　后领窝

图2
袖窿

图5

图1
胁部

袖子中心

袖山

袖下

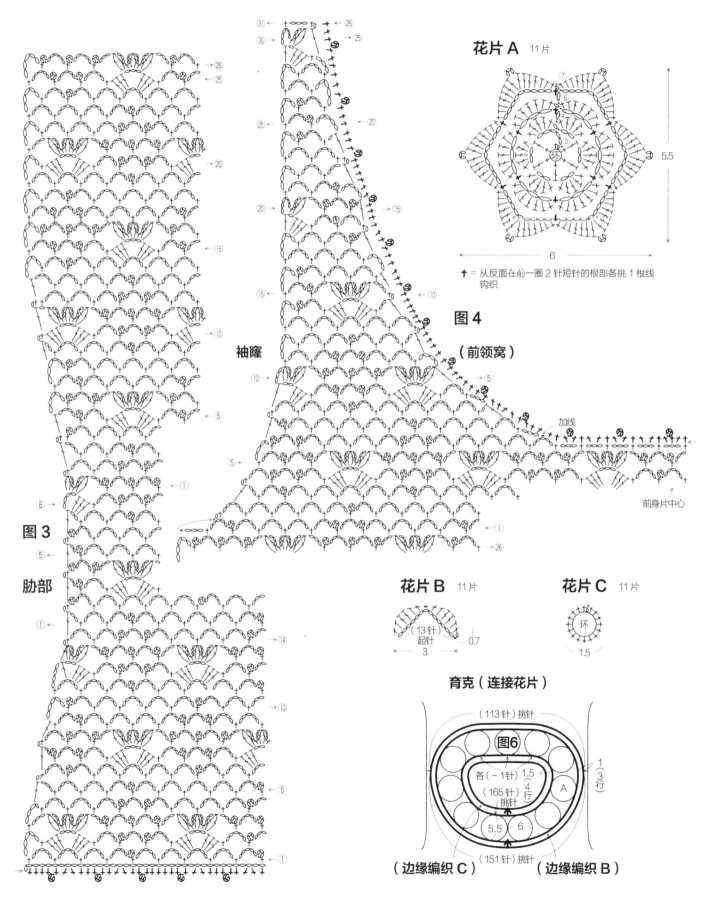

花片 A　11片

5.5

6

† = 从反面在前一圈 2 针短针的根部各挑 1 根线钩织

图4

（前领窝）

袖窿

加线

前身片中心

图3

肋部

花片 B　11片

（13针）起针

3

0.7

花片 C　11片

环

1.5

育克（连接花片）

（113针）挑针

图6

各（－1针）1.5

（165针）挑针

4行

A

1

（3行）

5.5　6

（151针）挑针

（边缘编织 C）　　（边缘编织 B）

89

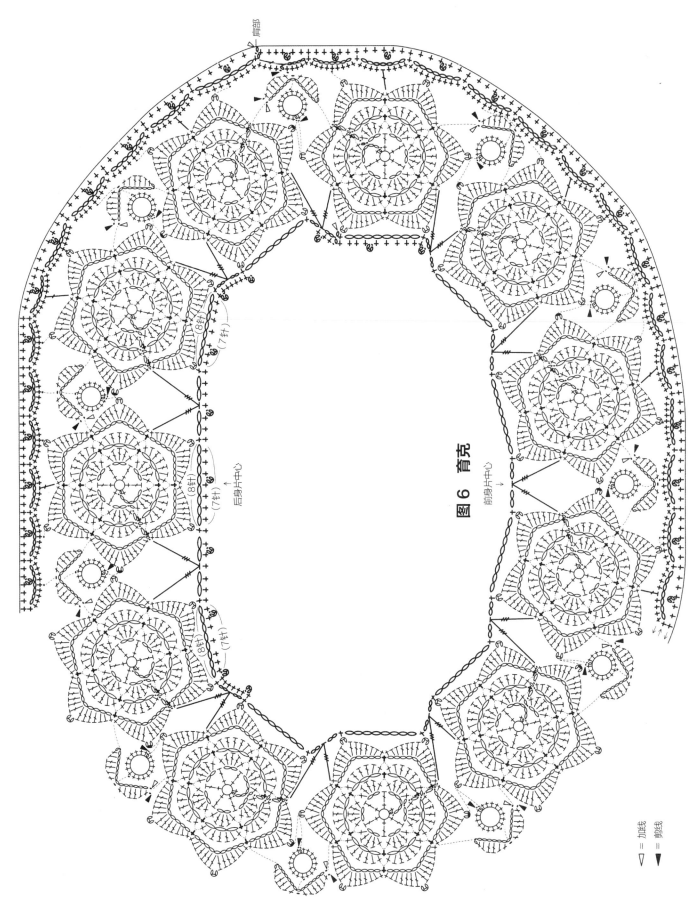

图6 育克

page23

# 12

●**材料** 钻石线 Masterseed Cotton <Print> （粗）深、浅茶色系和灰粉色段染（511） 275g/10团

●**工具** 棒针5号、钩针4/0号、3/0号

●**成品尺寸** 胸围91cm，肩宽32.5cm，衣长 68.5cm，袖长12cm

●**编织密度** 10cm×10cm面积内：编织花样22针，29行；花片的边长为6.5cm（4/0号针）、6cm（3/0号针）

●**编织方法和组合方法** 下半身片…在下摆另线锁针起针后，按编织花样无须加减针编织。接着如图所示，不要编织花样中的挂针，平均减针，结束时做伏针收针。下摆解开另线锁针的起针后编织起伏针，结束时做上针的伏针收针，注意线不要拉得太紧。上半身片…花片如图所示钩织5圈，从第2片开始与前面的花片做引拔连接。袖子…编织要领与下半身片相同。组合…胁部做挑针缝合，身片的上、下两个部分做卷针接合。袖子与身片做引拔缝合。袖隆底部钩织短针调整形状。

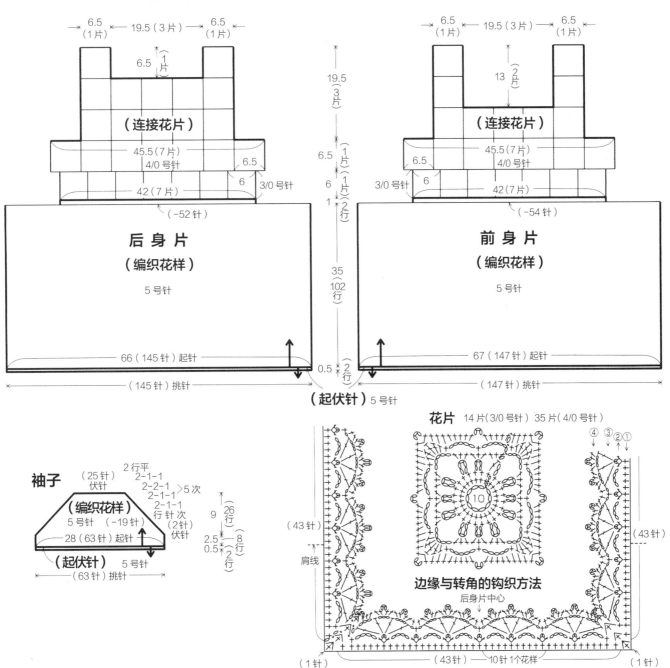

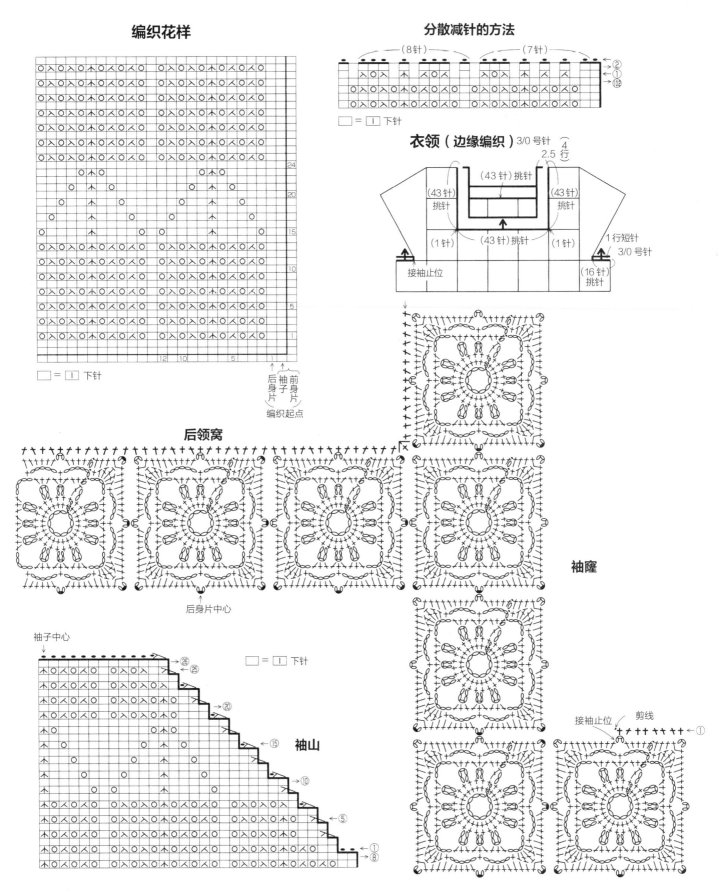

**编织花样**

**分散减针的方法**

□ = ① 下针

**衣领（边缘编织）** 3/0 号针

（43 针）挑针

（43 针）挑针

（43 针）挑针

（43 针）挑针

（1 针）

（1 针）

接袖止位

1 行短针
3/0 号针

（16 针）挑针

□ = ① 下针

24
20
15
10
5
1

12 10 5 1

后身袖前
片子身
片

编织起点

**后领窝**

后身片中心

袖子中心

□ = ① 下针

袖山

26 25 20 15 10 5 1 8

**袖窿**

接袖止位 剪线

92

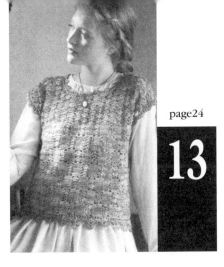

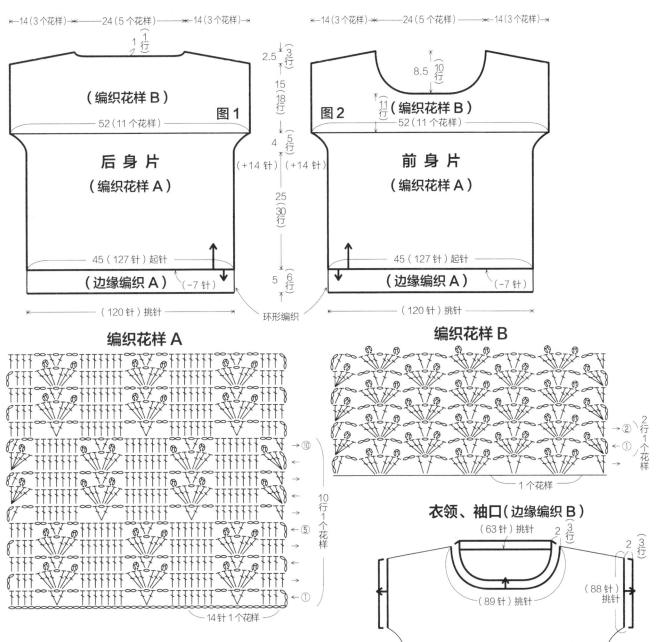

●材料　钻石线 Masterseed Cotton <Print>（粗）粉红色、紫色和深浅米色段染（502）250g/9团

●工具　钩针4/0号

●成品尺寸　胸围90cm，衣长51.5cm，连肩袖长28cm

●编织密度　10cm×10cm面积内：编织花样A 28针，12行；编织花样B的2个花样9.5cm，10cm12行

page24

**13**

●编织方法和组合方法　身片…在下摆锁针起针后，按编织花样A编织，如图所示在袖下加针。接着按编织花样B继续编织，参照图1、图2在斜肩和领窝减针。组合…肩部根据针目状态钩织"引拔针和锁针"做锁针接合，胁部钩织"1针引拔针、3针锁针"做锁针缝合。下摆平均减针后按边缘编织A将前、后身片连起来编织。衣领、袖口如图所示挑针后按边缘编织B编织。

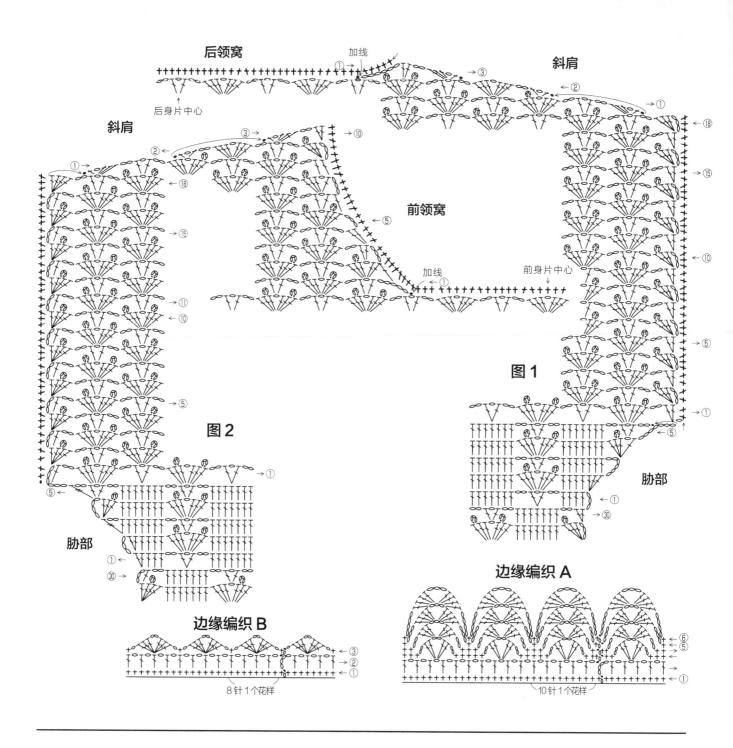

后领窝
加线
斜肩
后身片中心
斜肩
前领窝
前身片中心
图2
图1
肋部
肋部
边缘编织 B
边缘编织 A
8针1个花样
10针1个花样

① 在2根线里挑针　3针锁针
② 引拔
③

page25

**14**

●**材料** 钻石线 Masterseed Cotton（粗）灰色（114）290g/10团

●**工具** 钩针4/0号

●**成品尺寸** 胸围92cm，衣长61cm，连肩袖长24.5cm

●**编织密度** 10cm×10cm面积内：编织花样26针，14行

●**编织方法和组合方法** 身片…横向编织。将袖口和胁部的针目连在一起锁针起针后，按编织花样编织。参照图1，编织2行后接着

下摆做开衩处针目的起针，此时身片的针目一共155针。后身片在领口开口止位做上记号等针直编，然后留出另一侧开衩处的针目继续编织2行，在袖口开口止位做记号。前领窝参照图2做加减针。组合…肩部根据针目状态钩织"引拔针和锁针"做锁针缝合，胁部对齐前、后身片做卷针接合。领口、袖口环形钩织边缘。下摆、开衩处往返钩织边缘，将开衩处的侧边与身片缝合。

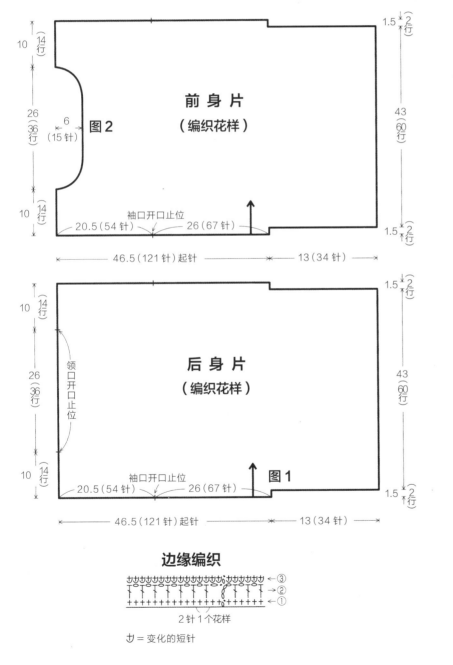

**边缘编织**

2针1个花样

竹 = 变化的短针

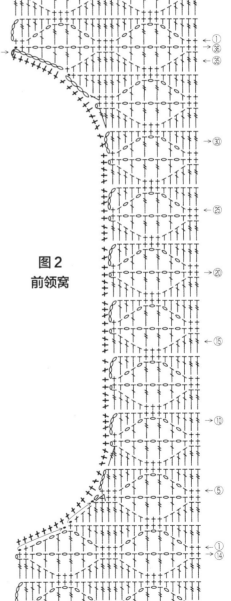

图2
前领窝

**编织花样**

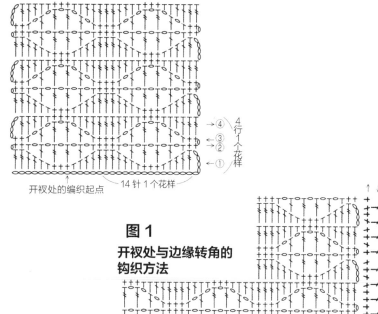

→ ④
← ③
→ ②
← ①

4行1个花样

14针1个花样

开衩处的编织起点

**图1**
**开衩处与边缘转角的
钩织方法**

② →
① ←

加线

**领口、袖口、下摆、开衩（边缘编织）**

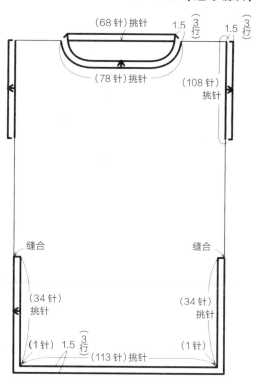

（68针）挑针 1.5 （3行）

1.5 （3行）

（78针）挑针

（108针）挑针

缝合

缝合

（34针）挑针

（34针）挑针

（1针） 1.5 （3行）

（113针）挑针

（1针）

---

⌶

① 

②

③

**卷针接合**

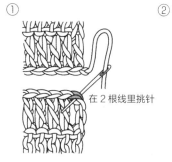
①
在2根线里挑针

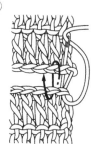
②

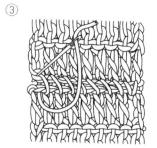
③

page27

## 15

●**材料** 钻石线 Masterseed Cotton <Linen>（粗）砖红色（808）240g/8团

●**工具** 棒针5号、3号

●**成品尺寸** 胸围94cm，衣长53cm，连肩袖长29.5cm

●**编织密度** 10cm×10cm面积内：编织花样A 28针，36行

●**编织方法和组合方法** 身片…用5号针在下摆做单罗纹针起针（2行），然后换成3号针

编织18行扭针的单罗纹针。接着按编织花样A继续编织，为了使扭针的单罗纹针从下摆往上延伸，在右边的1针内侧加1针。袖下的8针做另线锁针起针，前领窝如图所示利用花样减针。组合…肩部做盖针接合，袖下解开另线锁针的起针后做下针无缝缝合，胁部做挑针缝合。领口、袖口挑针后按编织花样B环形编织，结束时做扭针的单罗纹针收针。

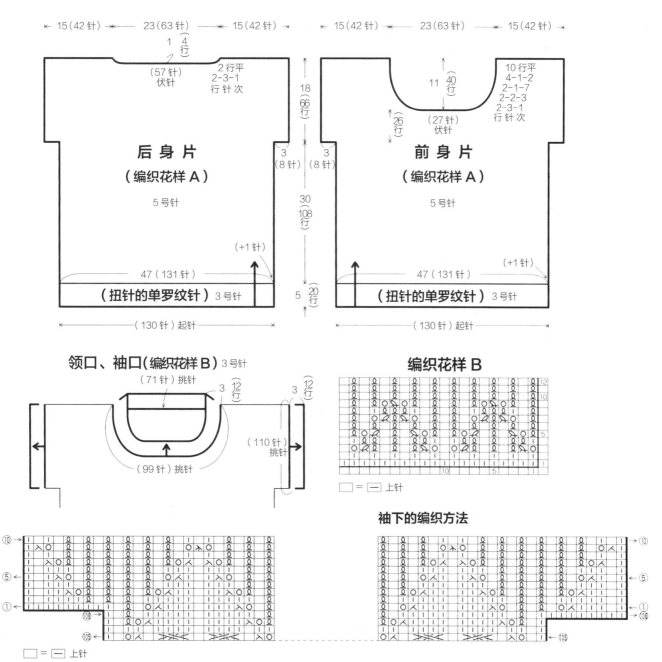

97

## 编织花样 A

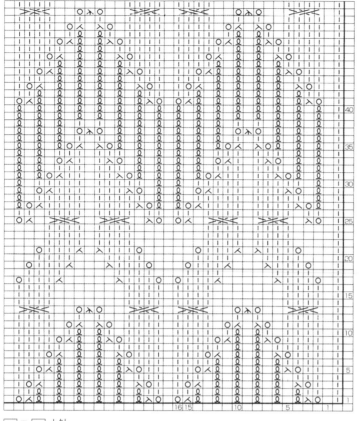

扭针的单罗纹针
← 扭针的单罗纹针
← 起针
5 号针
2 1

□ = □ 上针

## 前领窝

前身片中心

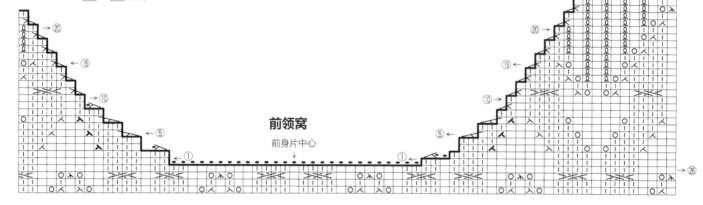

1 如箭头所示将棒针插入最右边的针目里, 不编织, 直接移至右棒针上。

2 如箭头所示在接下来的 2 针里插入棒针, 在 2 针里一起编织。

3 在刚才移过来的针目里插入左棒针, 将其覆盖在已织针目上。

4 扭针的右上 3 针并 1 针完成。

98

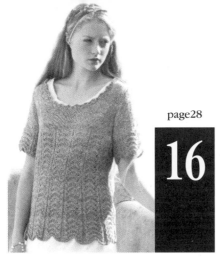

page28

**16**

● **材料** 钻石线 Dialuglio（粗）深、浅粉色和紫色段染＋金银丝线（703）250g/9团

● **工具** 棒针7号、6号、5号

● **成品尺寸** 胸围94cm，肩宽35cm，衣长59.5cm，袖长24cm

● **编织密度** 10cm×10cm面积内：编织花样A 27针，34行（6号针）；编织花样B 24针，30行

● **编织方法和组合方法** 身片…在下摆另线锁针起针后，按编织花样A'、A编织，如图所示做分散加减针，下摆的26行用7号针编织。接着按编织花样B编织，利用编织花样A平均减针，袖窿和领窝做伏针减针和立起侧边1针的减针，斜肩做引返编织。下摆解开另线锁针的起针后编织起伏针，结束时做上针的伏针收针，注意线不要拉得太紧。袖子…编织要领与身片相同。组合…肩部做引拔接合，胁部、袖下做挑针缝合。衣领按编织花样C环形编织，结束时做下针织下针、上针织上针的伏针收针。袖子与身片做引拔缝合。

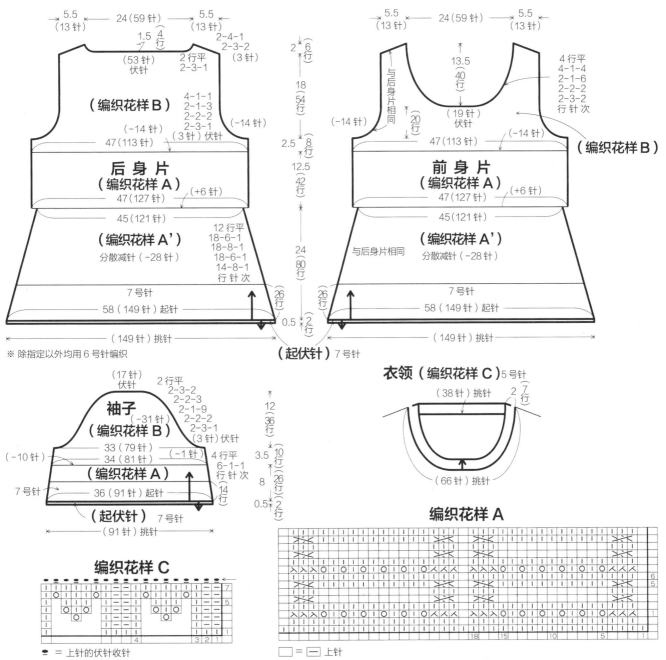

后身片（编织花样A）

前身片（编织花样A）

袖子（编织花样B）

衣领（编织花样C）5号针

编织花样A

编织花样C

● ＝ 上针的伏针收针

□ ＝ □ 上针

※ 除指定以外均用6号针编织

## 编织花样 B

□ = □ 下针

分散减针的方法

## 编织花样 A'与分散加减针

18针1个花样

1 ...... (+6 针)
80
75
70
69 ...... (−6 针)
65
60
55
51 ...... (−8 针)
50
45
40
35
33 ...... (−6 针)
30
25
20
15 ...... (−8 针)
10
5
1

21 20    15    10    5    1

□ = □ 上针

1 在左棒针的第3针里插入右棒针，如箭头所示将其覆盖在右边的2针上。

2 从前面将右棒针插入右边的针目，挂线，编织下针。

挂针

3 接着挂针，然后在左边的针目里插入右棒针编织下针。

4 穿过左针的盖针（3针的铜钱花）完成。

page29

**17**

●**材料** 钻石线 Masterseed Cotton <Linen>
（粗）沙米色（811）210g/7团，直径1.8cm
的纽扣 3颗

●**工具** 棒针5号、3号

●**成品尺寸** 胸围95.5cm，肩宽36cm，衣长
54.5cm

●**编织密度** 10cm×10cm面积内：编织花样
A 27针，34行；编织花样B 22针，35行

●**编织方法和组合方法** 身片…在下摆另

线锁针起针后，按编织花样A等针直编至腋
下。接着按编织花样B'、B继续编织，如图
所示利用花样在袖窿减针。领窝做伏针减针
和立起侧边1针的减针。组合…肩部做盖针接
合。衣领、前门襟、袖窿挑针后按编织花样C
编织，在右前门襟留出扣眼，结束时做扭针
的单罗纹针收针。胁部、袖窿的底端做挑针
缝合。最后在左前门襟缝上纽扣。

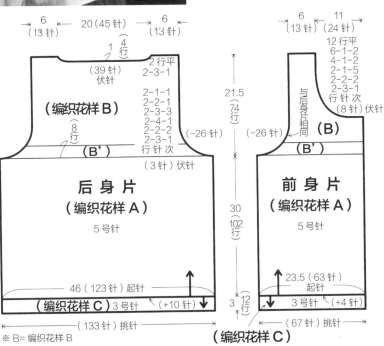

※ B= 编织花样 B
※ B'= 编织花样 B'

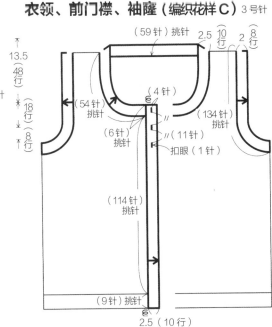

**衣领、前门襟、袖窿（编织花样C）**3号针

### 编织花样 A

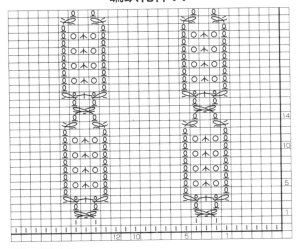

□ = ― 上针

= 将针目 1 移至麻花针上放在织物的后面，在针目 2
里编织扭针。将针目 3 移至针目 1 的麻花针上，
将针目 4 也移至麻花针放在织物的前面，挂针，
在针目 5 里编织下针，将针目 1 和针目 3 覆盖在
针目 5 上完成中上 3 针并 1 针。接着挂针，在针
目 4 里编织扭针。

### 编织花样 B

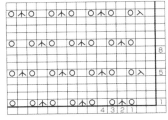

□ = □ 下针

### 编织花样 C

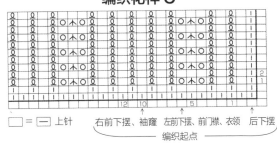

□ = ― 上针    右前下摆、袖窿  左前下摆、前门襟、衣领  后下摆

编织起点

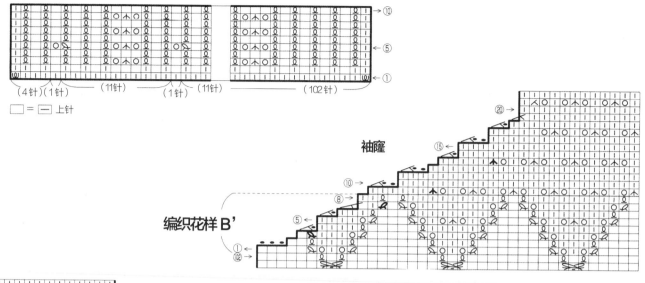

扣眼（右前门襟）

（4针）（1针）（11针）（1针）（11针）（102针）

□ = — 上针

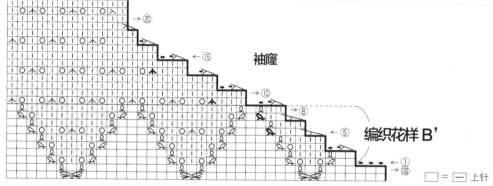

袖窿

编织花样B'

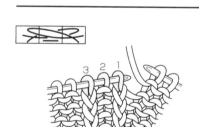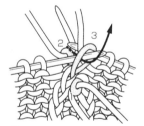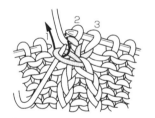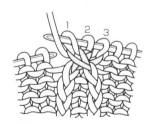

袖窿

编织花样B'

□ = — 上针

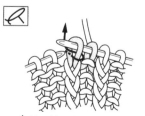

1 将针目1和针目2分别移至麻花针上，休针。

2 将针目1放在织物的前面，将针目2放在织物的后面，在针目3里编织扭针。

3 接着在针目2里编织上针。最后在针目1里编织扭针。

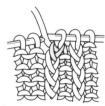

4 "中间跳过1针上针的右上1针交叉"完成。

1 将2针不编织移至右棒针上，如箭头所示插入左棒针移回针目。

2 第1针移至左棒针上，然后如箭头所示从2针的左侧一起插入右棒针。

3 挂线后拉出，在2针里一起编织下针。

4 扭针的左上2针并1针完成。

page31

**18**

●**材料** 钻石线 Masterseed Cotton（粗）浅灰绿色（118）340g/12团，直径1.5cm的纽扣 4颗

●**工具** 棒针5号、4号、3号

●**成品尺寸** 胸围96.5cm，肩宽35cm，衣长62.5cm，袖长41.5cm

●**编织密度** 10cm×10cm面积内：编织花样A、B均为28针，36行

●**编织方法和组合方法** 身片…在下摆另线锁针起针后，按编织花样A编织，如图所示做分散加减针。接着按编织花样B继续编织，袖窿和领窝做伏针减针和立起侧边1针的减针，斜肩做引返编织。下摆解开另线锁针的起针后按编织花样C编织，结束时根据针目状态做下针、上针和扭针的伏针收针。袖子…编织要领与身片相同。组合…肩部做盖针接合，胁部、袖下做挑针缝合。前门襟、衣领按编织花样D编织，结束时做扭针的单罗纹针收针。将花样的空隙作为扣眼。袖子与身片做引拔缝合。

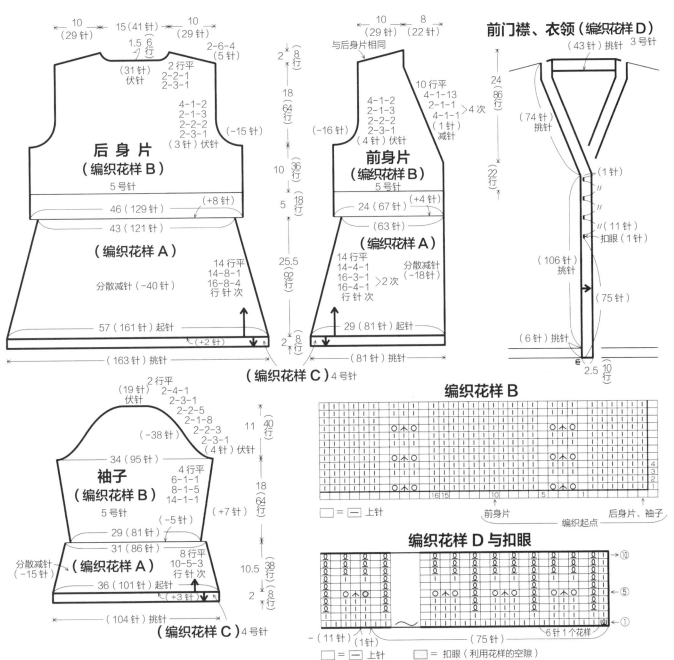

**后身片**（编织花样B）5号针

46（129针）（+8针）
43（121针）
（编织花样A）
57（161针）起针
分散减针（-40针）
14 行平
14-8-1
16-8-4 行针次
10 15（41针）10
（29针）（29针）
1.5（6行）
（31针）伏针 2行平 2-2-1 2-3-1 2-6-4（5针）
4-1-2 2-1-3 2-2-2 2-3-1（3针）伏针
（-15针）
（163针）挑针（+2针）

**前身片**（编织花样B）5号针

24（67针）（+4针）
（63针）
（编织花样A）
29（81针）起针
分散减针（-18针）
14 行平
14-4-1
16-3-1
16-4-1 行针次 >2次
10 8（29针）（22针）
与后身片相同
2（8行）
10行平 4-1-13 2-1-1 4-1-1（1针）减针
4-1-2 2-1-3 2-2-2 2-3-1（4针）伏针
（-16针）
（81针）挑针

18（64行）
10（36行）
5（18行）
25.5（92行）
2（8行）

（编织花样C）4号针

**前门襟、衣领**（编织花样D）3号针

（43针）挑针
24（86行）
22行
（74针）挑针
（1针）
//
//
//（11针）扣眼（1针）
（106针）挑针
（75针）
（6针）挑针
2.5（10行）

**袖子**（编织花样B）5号针

34（95针）
29（81针）（-5针）
31（86针）
（编织花样A）
36（101针）起针
分散减针（-15针）
2行平 2-4-1 2-3-1 2-2-5 2-1-8 2-2-3 2-3-1（4针）伏针
（19针）伏针
（-38针）
4行平 6-1-1 8-1-5 14-1-1
8行平 10-5-3 行针次
11（40行）
18（64行）
10.5（38行）
2（8行）（+7针）（+3针）
（104针）挑针
（编织花样C）4号针

**编织花样B**

□ = ⊟ 上针

前身片 ←编织起点→ 后身片、袖子

**编织花样D 与扣眼**

①⑤⑩

（11针）（1针）（75针）6针1个花样
□ = ⊟ 上针    □ = 扣眼（利用花样的空隙）

103

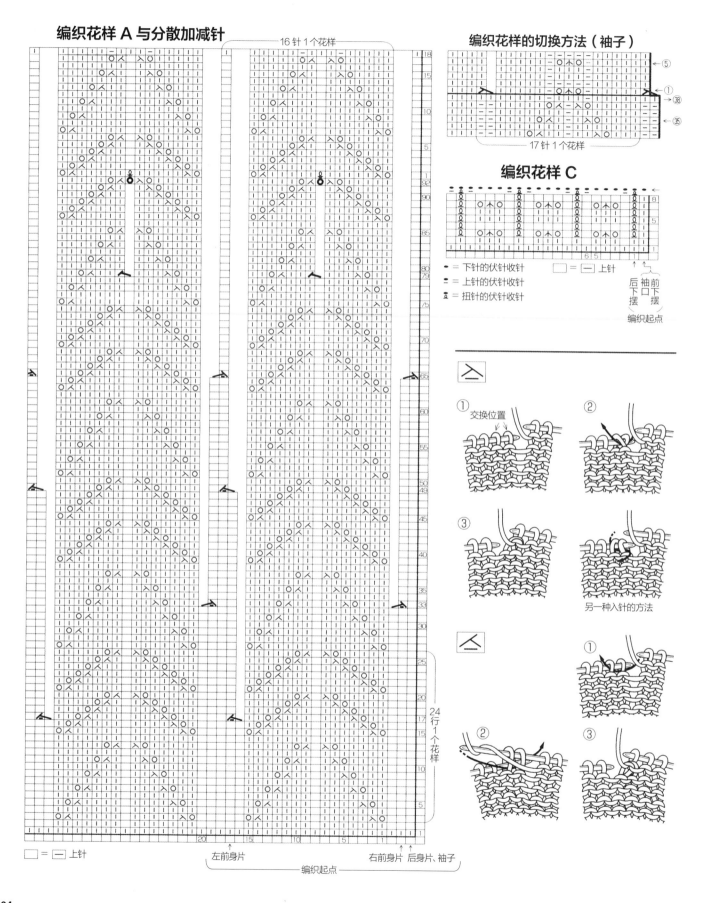

## 编织花样 A 与分散加减针

16针1个花样

## 编织花样的切换方法（袖子）

17针1个花样

## 编织花样 C

- ＝ 下针的伏针收针
- ＝ 上针的伏针收针
- ＝ 扭针的伏针收针
- □ ＝ 上针

后下摆　袖下口　袖前下摆　编织起点

① 交换位置　②

③　另一种入针的方法

①

②　③

□ ＝ 上针

左前身片　右前身片　后身片、袖子

编织起点

24行1个花样

page32

**19**

●**材料** 钻石线 Diasantafe（粗）绿色和深浅蓝色段染（546）240g/6团

●**工具** 棒针4号、2号

●**成品尺寸** 胸围94cm，衣长53.5cm，连肩袖长30cm

●**编织密度** 10cm×10cm面积内：下针编织23针，34行；编织花样A 26针，34行

●**编织方法和组合方法** 后身片…在下摆另线锁针起针后，做下针编织和编织花样A。

袖下加1针时在侧边1针内侧做扭针加针，加2针时在边上做卷针加针。肩部做引返编织，领口做伏针减针。下摆解开起针时的另线锁针后按编织花样B编织，结束时做扭针的单罗纹针收针。前身片…编织要领与后身片相同，领窝在编织花样A与下针编织的交界处做2针并1针的减针。组合…肩部做盖针接合。衣领、袖口按编织花样B'编织，V领尖如图所示减针。胁部做挑针缝合。

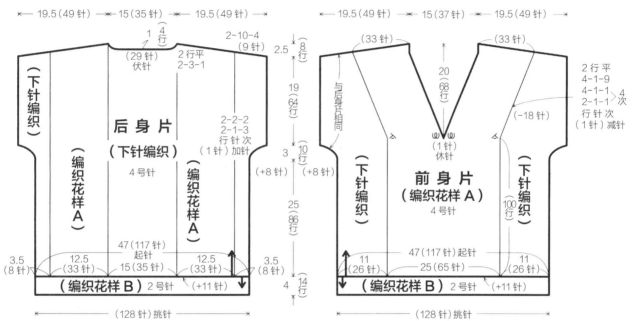

**编织花样 B**

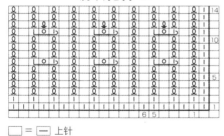

□ = 上针

**编织花样 B'**

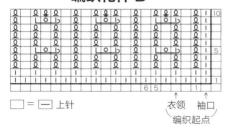

□ = 上针

衣领　袖口
编织起点

**衣领、袖口（编织花样B'）2号针**

**V 领尖的编织方法**

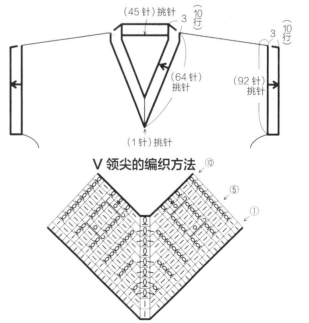

## 编织花样 A

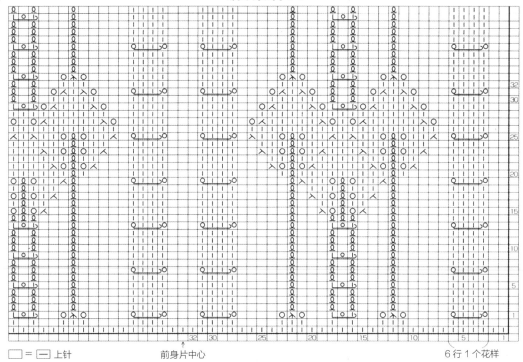

□ = ⊢ 上针

↑
前身片中心

6 行 1 个花样

⊘ | | ⊘ = 将针目 3、4 覆盖在针目 1、2 上，并从左棒针上取下。
4 3 2 1　　接着编织挂针，在针目 1、2 里编织下针，再编织挂针

---

1 如箭头所示将棒针插入右侧的针目里，不编织，直接移至右棒针上。

2 在左侧的针目里插入棒针，挂线后拉出，编织下针。

3 在刚才移至右棒针上的针目里插入左棒针，将其覆盖在已织针目上。

4 扭针的右上 2 针并 1 针完成。

---

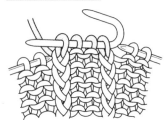

1 编织 4 针后，将针目移至麻花针上。

2 在移出的 4 针上朝箭头所示方向绕线。

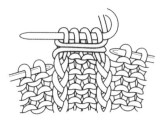

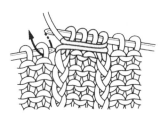

3 逆时针方向绕线 2 圈。

4 将针目直接从麻花针移至右棒针上，完成。

●**材料** 钻石线 Diacosta（粗）深浅绿色和红色段染（258）210g/6团

●**工具** 棒针6号、5号

●**成品尺寸** 胸围94cm，衣长51.5cm，连肩袖长31.5cm

●**编织密度** 10cm×10cm面积内：下针编织22针，29行；编织花样A、A'22针，32行；编织花样B、B'24针，29行；起伏针24针，40行

●**编织方法和组合方法** 身片…在下摆另线

page33

## 20

锁针起针后，按编织花样A、A'、B编织。切换成下针编织时，如图所示减针。在胁部、插肩线、前领窝做加减针。下摆解开另线锁针的起针后编织起伏针，结束时从反面做伏针收针。袖子…编织要领与身片相同。组合…插肩线、胁部、袖下做挑针缝合。右领从前领窝的休针处挑针，左领另行起针，如图所示左右对称编织起伏针。将左、右领接合后，在1针内侧与领窝做半回针缝。

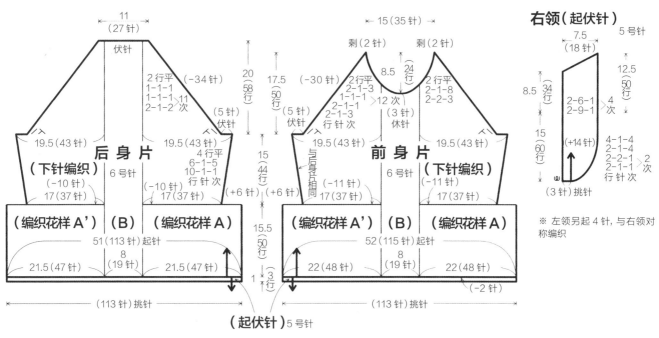

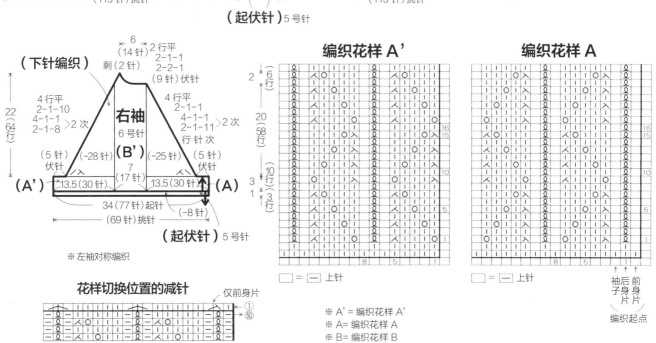

**右领**（起伏针）

※ 左领另起4针，与右领对称编织

**编织花样 A'**

□ = — 上针

※ A' = 编织花样 A'
※ A = 编织花样 A
※ B = 编织花样 B

**编织花样 A**

□ = — 上针

袖后 前
子身 身
片片

编织起点

**花样切换位置的减针**

仅前身片

## 编织花样 B

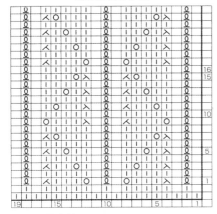

□ = □ 上针

## 编织花样 B'

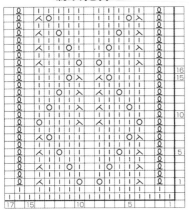

□ = □ 上针

## 衣领的加针与引返编织

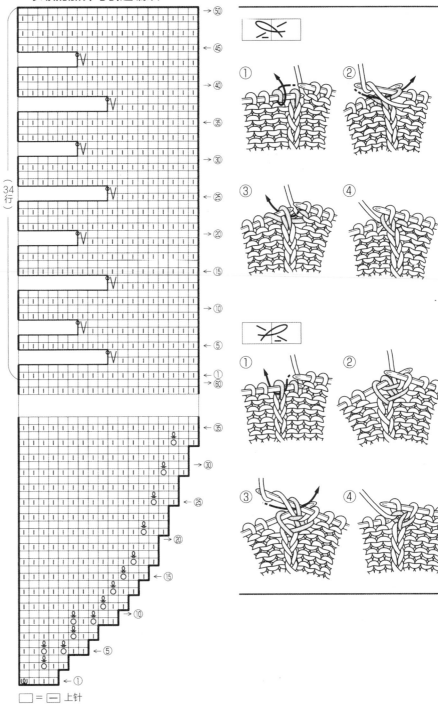

□ = □ 上针

●**材料** 钻石线 Diaanhelo（中粗）深棕色（706）230g/7团

●**工具** 棒针5号、3号

●**成品尺寸** 胸围92cm，衣长60cm，连肩袖长25.5cm

●**编织密度** 10cm×10cm面积内：编织花样28针，37行

●**编织方法和组合方法** 身片…在下摆另线锁针起针后，按编织花样编织。胁部每2行在侧边1针内侧做挂针的加针，中间的15针每2行在左右两边做2针并1针的减针。在袖开口位置做上记号，编织至肩头的第136行。斜肩做引返编织，结束时留出肩部的针目做伏针收针。前身片将领窝的针目休针后编织斜肩。下摆解开另线锁针的起针后编织扭针的单罗纹针，转角如图所示加针，结束时做扭针的罗纹针收针。组合…肩部做盖针接合。衣领、袖口编织扭针的单罗纹针，衣领的转角如图所示减针。胁部、袖口的底部做挑针缝合。

page36

**22**

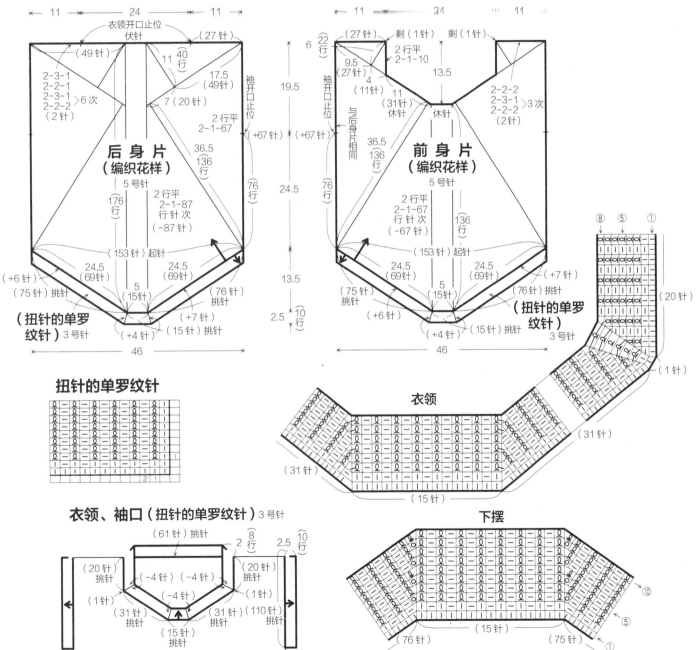

后身片（编织花样）5号针

前身片（编织花样）5号针

扭针的单罗纹针

衣领

衣领、袖口（扭针的单罗纹针）3号针

下摆

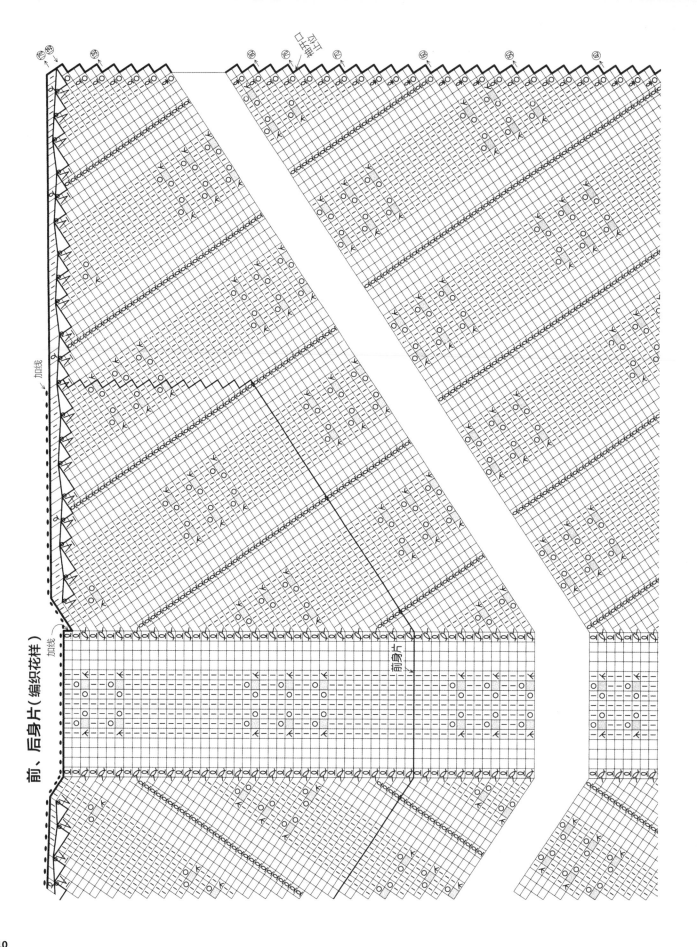

前、后身片（编织花样）

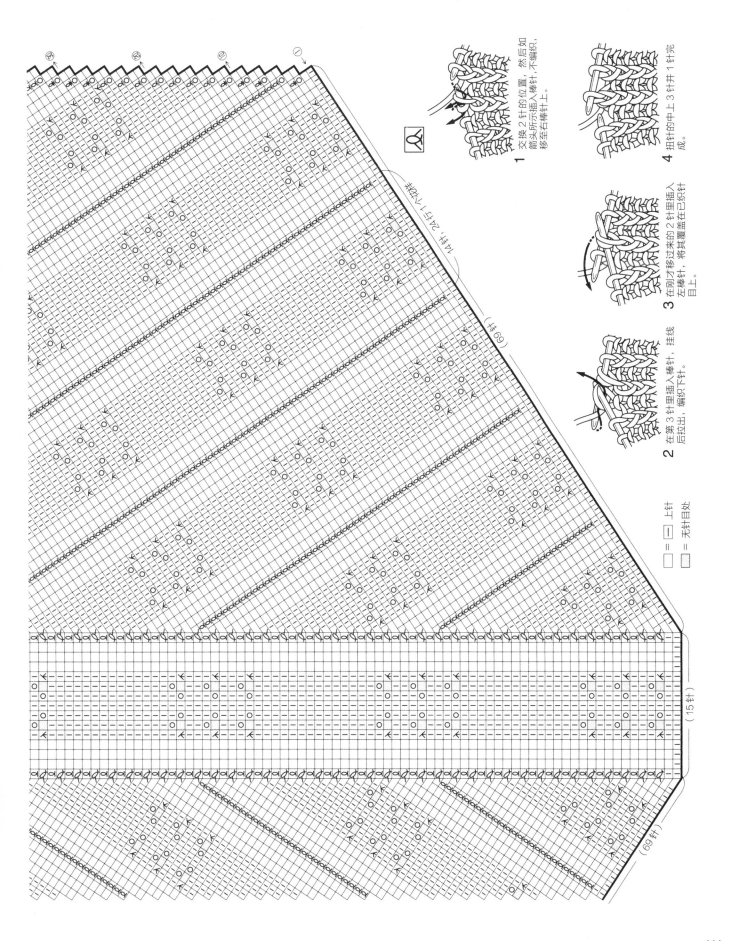

**21**

●**材料** 钻石线 Diaexceed <Silkmohair>
（中粗）深红色（125）350g/9团
●**工具** 棒针5号、4号，钩针2/0号
●**成品尺寸** 胸围92cm，肩宽33cm，衣长47cm，袖长56cm
●**编织密度** 10cm×10cm面积内：编织花样A 28针，32行
●**编织方法和组合方法** 身片…在下摆手挂线起针后，按编织花样A编织，由24行1个花样与18行1个花样组成。在袖窿和领窝减针，前下摆如图所示做卷针加针，利用花样编织。袖子…如图所示，从18针1个花样开始分散加针。袖口的18行用4号针编织。袖山利用花样编织。组合…肩部做盖针接合，胁部、袖下做挑针缝合。下摆、前门襟、衣领另线锁针起针后按编织花样B编织，袖口按编织花样B'编织，编织终点与编织起点连接成环形，再分别与身片、袖子平均做针与行的接合和挑针缝合。袖子在袖山折出褶裥，与身片做引拔缝合。

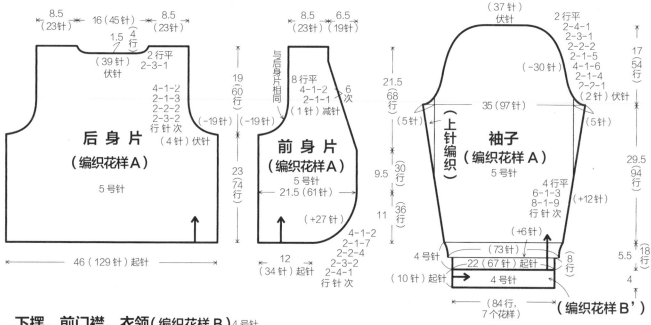

下摆、前门襟、衣领（编织花样B）4号针

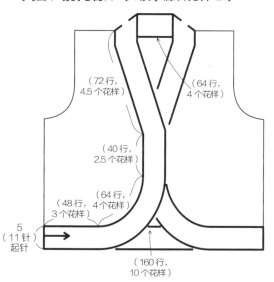

编织花样B

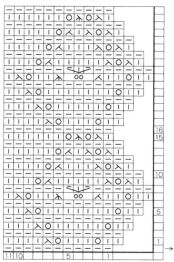

袖山褶裥的折法

编织花样B'

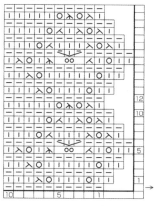

囗○○ ＝ 在针上绕2圈线（挂针），在下一行解开线圈编织"下针、上针、下针"

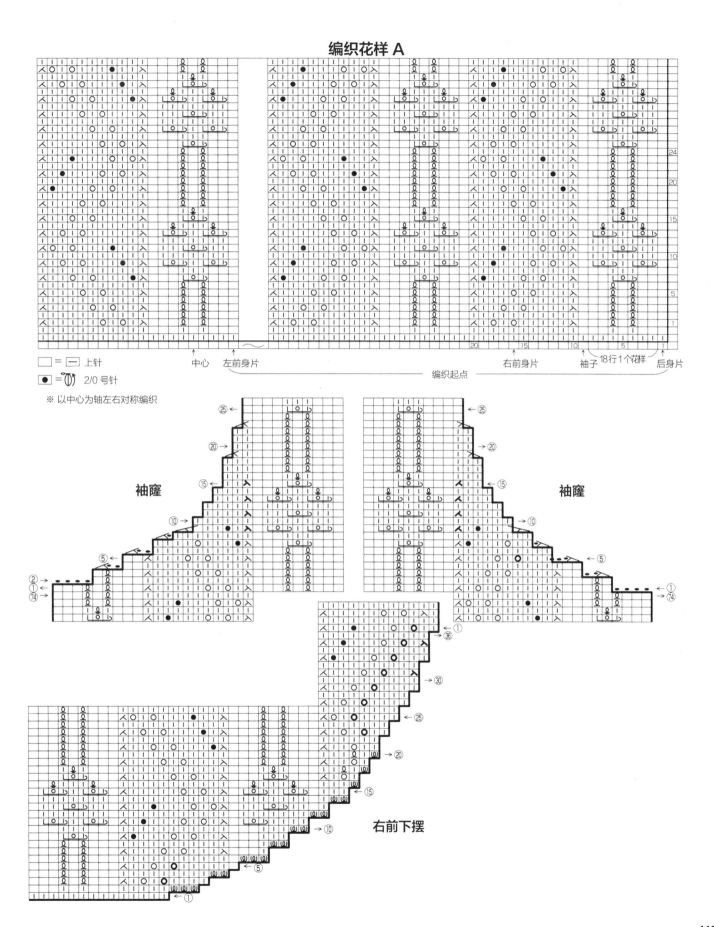

# 编织花样 A

□ = ─ 上针

● = ⚋ 2/0 号针

※ 以中心为轴左右对称编织

中心　左前身片　右前身片　袖子　后身片

编织起点

18行1个花样

袖窿　袖窿

右前下摆

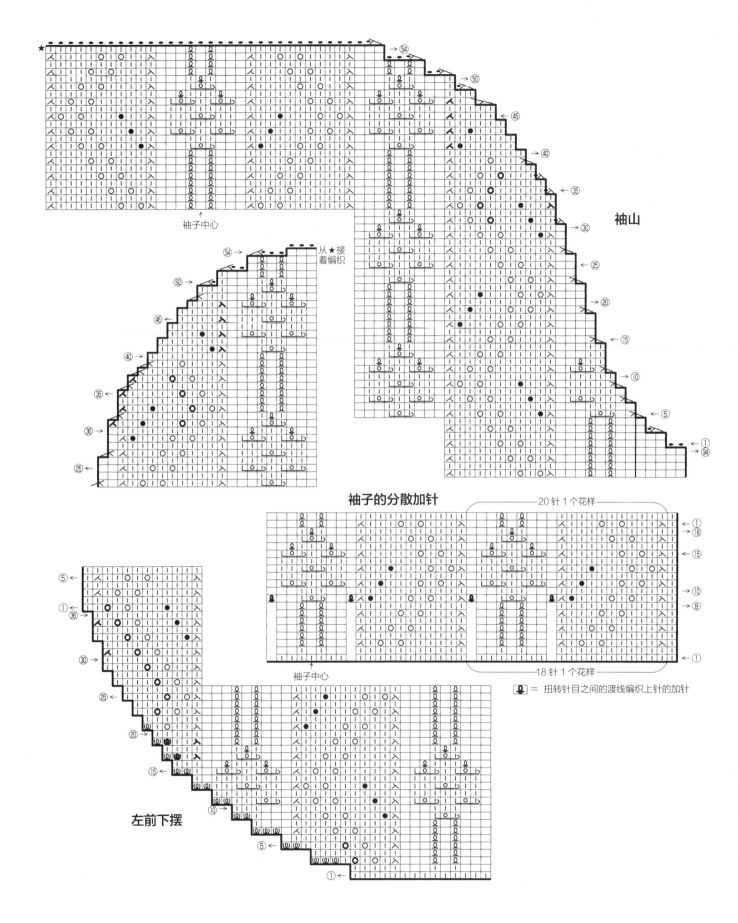

袖子中心

→ ⑤④
→ ⑤⓪
← ④⑤
→ ④⓪
← ③⑤
→ ③⓪
← ②⑤
→ ②⓪
← ①⑤
→ ①⓪
← ⑤
→ ①
→ ⑨④

袖山

⑤④ →
⑤⓪ →
④⑤ ←
④⓪ →
③⑤ ←
③⓪ ←
②⑤ ←

从★接着编织

袖子的分散加针

20针1个花样

← ①
→ ⑱
← ⑮
→ ⑩
→ ⑧
→ ①

18针1个花样

袖子中心

🧶 = 扭转针目之间的渡线编织上针的加针

⑤ →
① →
㊱ →
③⓪ →
②⑤ ←
②⓪ →
⑮ ←
⑩ →
⑤ ←
① ←

左前下摆

page39

**24**

● **材料** 钻石线 Diamohairdeux <Alpaca>
（中粗）灰蓝色（703）260g/7团，直径1cm
的包扣 7颗。

● **工具** 棒针5号、4号，钩针3/0号

● **成品尺寸** 胸围99cm，肩宽36cm，衣长
53cm，袖长54.5cm

● **编织密度** 10cm×10cm面积内：编织花样
A 27针，30行

● **编织方法和组合方法** 身片…用手指挂线
起针法起5针，依次编织下摆的三角形。接着

将全部三角形连起来，如图所示在两侧各加3
针，三角形之间各加1针，按编织花样A连续
编织前、后身片。袖子…利用花样编织，如
图所示在袖下和袖山做加减针。组合…肩部
做盖针接合，袖下做挑针缝合。衣领挑针后
按编织花样B接着编织8行，然后分别加线编
织三角形，在三角形的两端做卷针加针，如
图所示依次完成。前门襟编织起伏针，缝上
短针钩织的包扣。袖子与身片做引拔缝合。

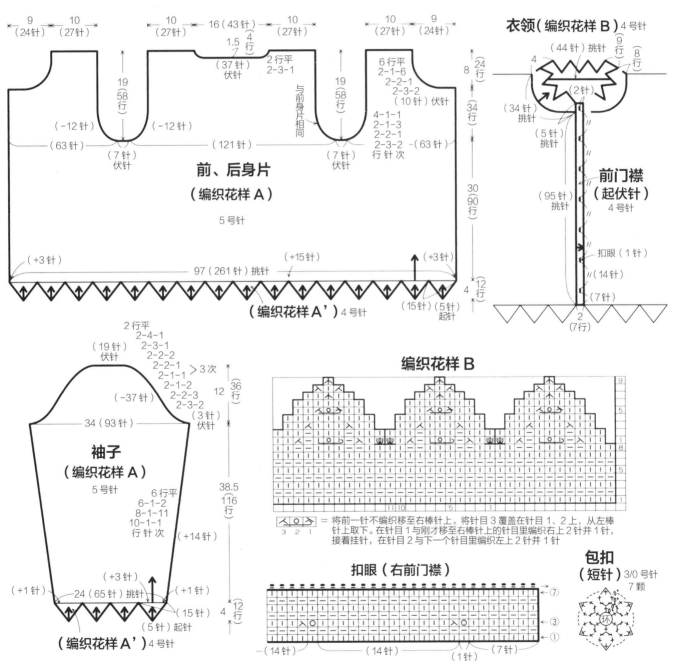

## 编织花样 A

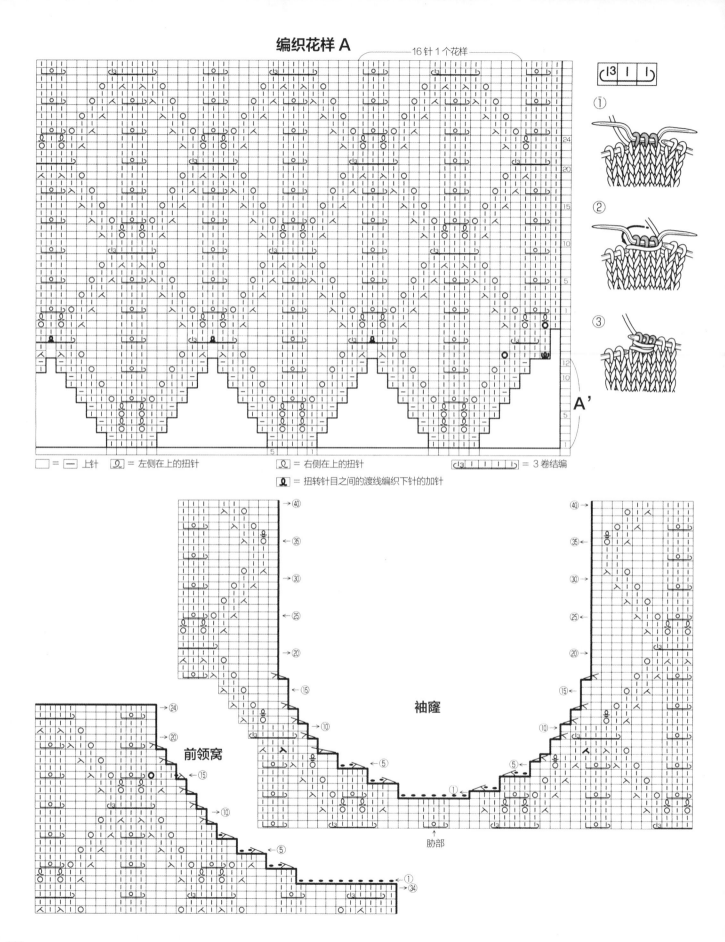

16针1个花样

① ② ③

24 20 15 5 1

A'

12 10 5 1

5 5

□ = ─ 上针    ⚬ = 左侧在上的扭针    ⚬ = 右侧在上的扭针    = 3卷结编

= 扭转针目之间的渡线编织下针的加针

→⑩
←㉟
→㉚
→㉕
→⑳
→⑮

袖窿

←⑩
←㉟
→㉚
→㉕
→⑳
→⑮

→㉔
→⑳
→⑮
→⑩
→⑤

前领窝

→⑩
←⑤
←①
←⑩
←⑤
←①
←㉞

肋部

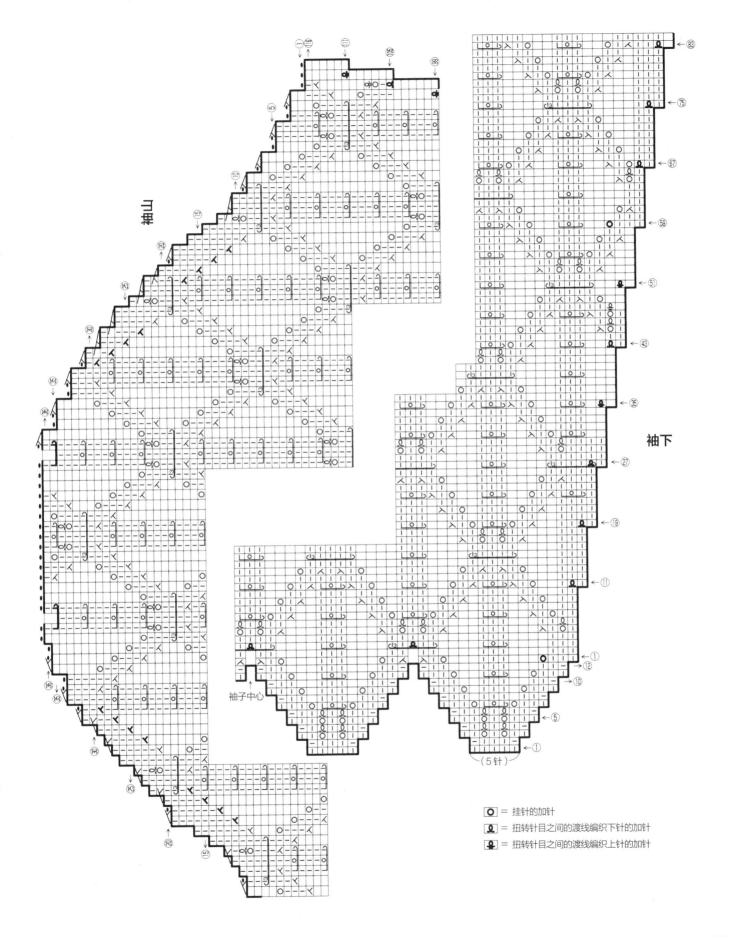

袖山

袖下

袖子中心

（5针）

**O** = 挂针的加针

**⚲** = 扭转针目之间的渡线编织下针的加针

**⚲** = 扭转针目之间的渡线编织上针的加针

page37

## 23

● **材料** 钻石线 Tasmanian Merino <Lame>（中粗）深棕色+金银线（620）380g/10团

● **工具** 棒针6号、5号

● **成品尺寸** 胸围90cm，肩宽38cm，衣长56cm，袖长54cm

● **编织密度** 10cm×10cm面积内：编织花样A 27针，33行

● **编织方法和组合方法** 身片…手指挂线起针后，按编织花样A编织。在腰部如图所示做分散加减针，袖窿和领窝做伏针减针和立起侧边1针的减针，肩部做引返编织。下摆挑针后按编织花样B编织，从5针1个花样加针至15针1个花样，结束时做下针织下针、上针织上针的伏针收针。袖子…编织要领与身片相同。组合…肩部做盖针接合，胁部、袖下做挑针缝合。衣领挑针后按编织花样C环形编织，从5针1个花样加针至11针1个花样，结束时与下摆一样做伏针收针。袖子与身片做引拔缝合。

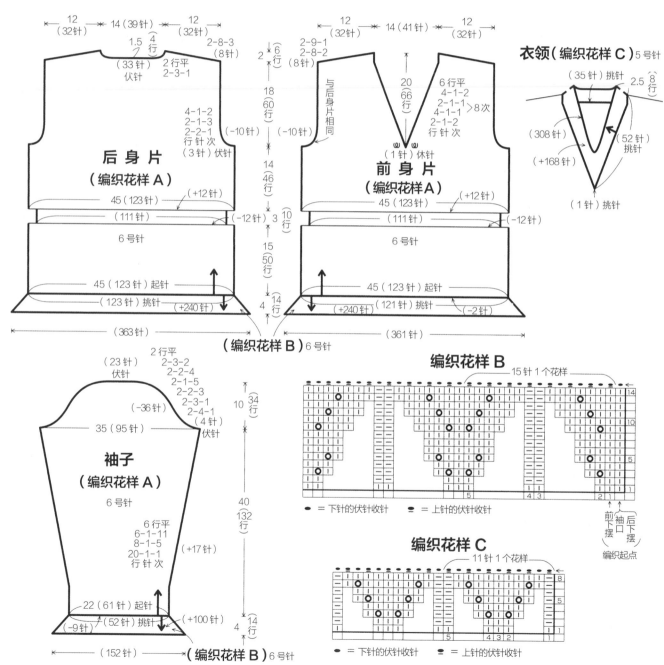

118

## 编织花样 A 与分散加减针

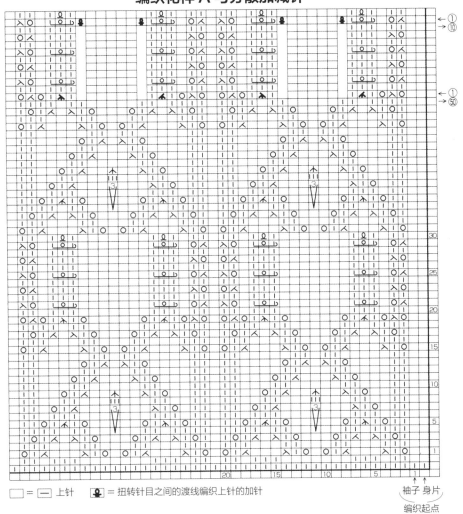

□ = — 上针　　🔲 = 扭转针目之间的渡线编织上针的加针

袖子 身片

编织起点

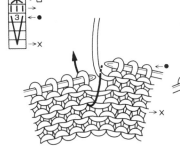

1 编织●行时，如箭头所示在前3行（×）的针目里插入棒针。

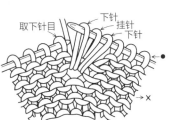

2 在同一针目里插入棒针编织"下针、挂针、下针"，注意将针目拉出一定高度。

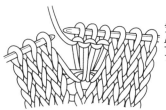

3 下一行正常编织上针。

4 编织□行时，在3针里编织中上3针并1针，完成。

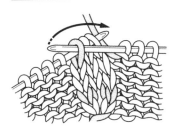

1 在左棒针的第3针里插入右棒针，如箭头所示将其覆盖在右边的2针上。

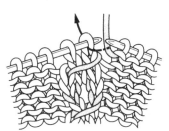

2 从前面将右棒针插入右边的针目，挂线，编织下针。

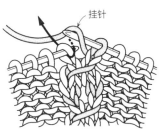

3 接着挂针，然后在左边的针目里插入右棒针编织下针。

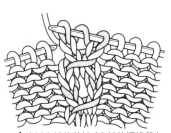

4 穿过左针的盖针（3针的铜钱花）完成。

119

●**材料** 钻石线 Tasmanian Merino <Alpaca> （粗）米色（502）260g/7团

●**工具** 棒针6号、4号、3号，钩针3/0号、2/0号

page40

**25**

●**成品尺寸** 胸围92cm，衣长54cm，连肩袖长43.5cm

●**编织密度** 10cm×10cm面积内：编织花样A 30针，34行

●**编织方法和组合方法** 身片…在下摆另线锁针起针后，按编织花样A编织相同的前、后身片。注意花样是由24行1个花样与18行1个花样组成，如图所示在腰部做分散加减针。下摆解开另线锁针的起针后按编织花样C编织，结束时做扭针的罗纹针收针。袖子…编织要领与身片相同。育克…从身片和袖子上挑针后，按编织花样B环形编织，如图所示做分散减针。组合…衣领按编织花样C变换针号环形编织。身片与袖子的腋下部分做下针无缝缝合，胁部、袖下做挑针缝合。

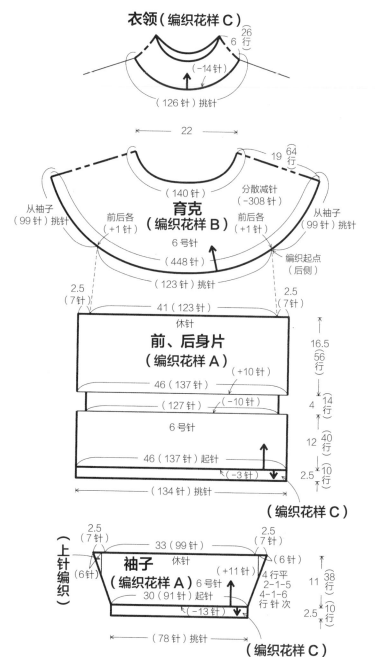

**衣领**（编织花样C）

6 行 26

（−14针）

（126针）挑针

22

**育克**
（编织花样B）
6号针

19 64 行

（140针）

分散减针
（−308针）

从袖子
（99针）挑针

前后各
（+1针）

前后各
（+1针）

从袖子
（99针）挑针

（448针）

编织起点
（后侧）

（123针）挑针

2.5
（7针）

2.5
（7针）

41（123针）

休针

**前、后身片**
（编织花样A）

（+10针）

46（137针）

16.5
（56行）

（127针） （−10针）

6号针

4 14 行

46（137针）起针

12 40 行

（−3针）

2.5 10 行

（134针）挑针

（编织花样C）

2.5
（7针）

33（99针）

2.5
（7针）

（上针编织）

（6针）

**袖子**
（编织花样A）6号针

休针

（+11针）

（6针）

4行平
2-1-5
4-1-6
行针次

11 38 行

30（91针）起针

（−13针）

2.5 10 行

（78针）挑针

（编织花样C）

**编织花样C**

26
25

3号针

20

4号针

15

3号针

10

4号针

5

下摆、
袖口

3号针

1

2 1

□ = － 上针

衣领 下摆、袖口
编织起点

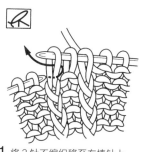

1 将3针不编织移至右棒针上，如箭头所示在第3针里插入左棒针，扭转后移回针目。

2 将针目1、2也移至左棒针上，在3针里一起插入右棒针。

3 针头挂线后拉出。

4 扭针的左上3针并1针完成。

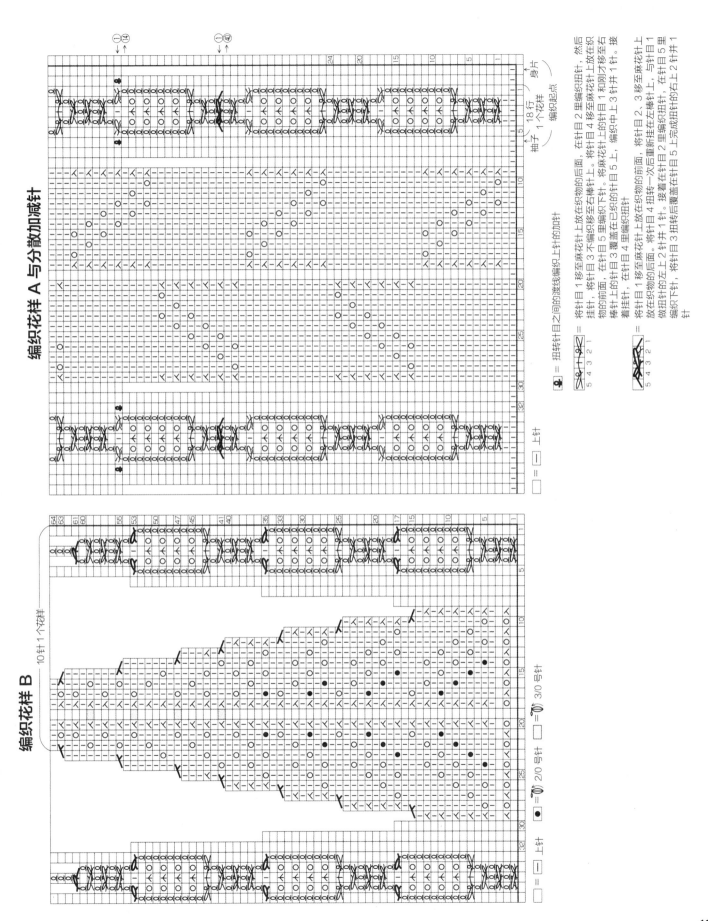

編織花樣 B

編織花樣 A 与分散加減針

●材料　钻石线 Tasmanian Merino（中粗）原白色（701）330g/9团

●工具　棒针5号、4号，钩针2/0号

●成品尺寸　胸围92cm，肩宽34cm，衣长54cm，袖长54cm

●编织密度　10cm×10cm面积内：编织花样A、B均为26针，34行

●编织方法和组合方法　身片…在下摆位置另线锁针起针后，如图所示按编织花样A、B左右对称编织。胁部在侧边1针内侧做扭针加针，袖窿和前领窝如图所示利用花样编织。下摆解开起针时的另线锁针后编织起伏针，结束时利用花样的扇形做上针的伏针收针，注意线不要拉得太紧。袖子…按编织花样A、B编织，如图所示利用花样在袖下和袖山做加减针。组合…肩部做盖针接合，胁部、袖下做挑针缝合。衣领按编织花样C环形编织，结束时做上针的伏针收针。袖子与身片做引拔缝合。

page41

# 26

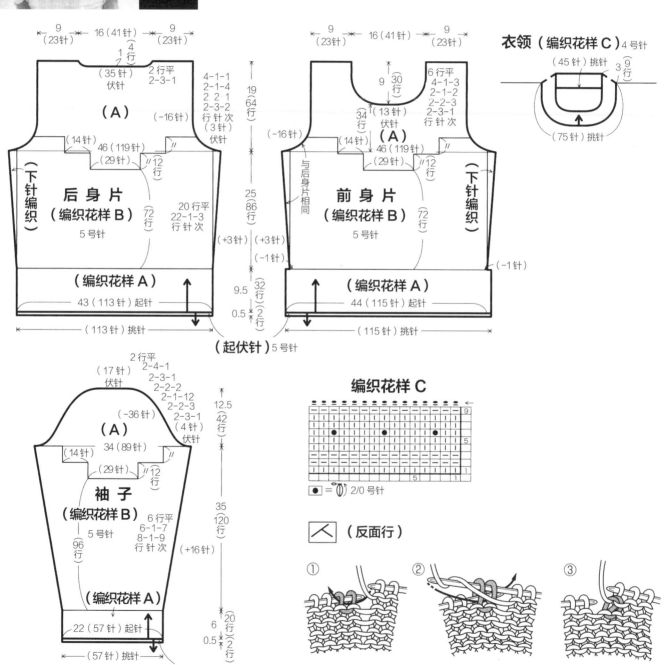

※A=编织花样A

## 编织花样 B

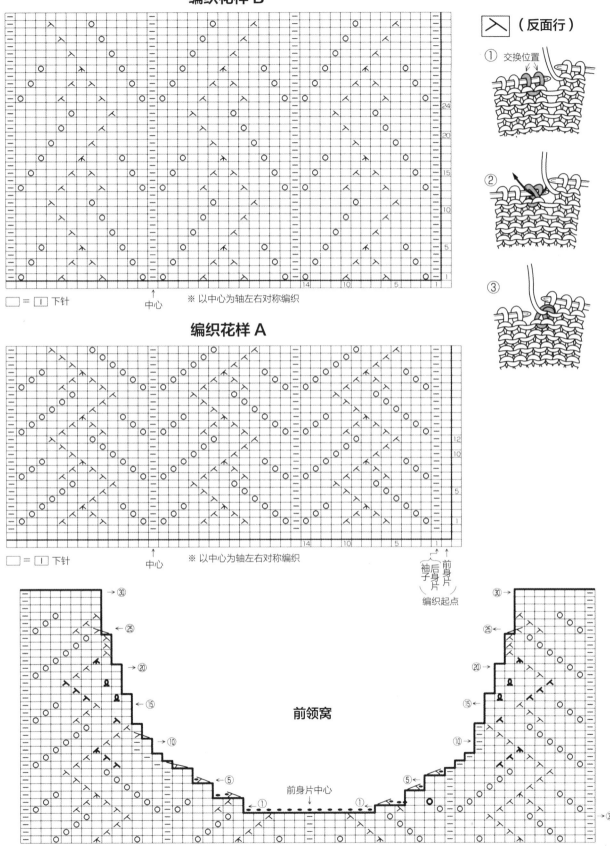

□ = □ 下针   ↑中心   ※ 以中心为轴左右对称编织

⼊ （反面行）

① 交换位置

②

③

## 编织花样 A

□ = □ 下针   ↑中心   ※ 以中心为轴左右对称编织

袖子
后身片
前身片
编织起点

前领窝

前身片中心

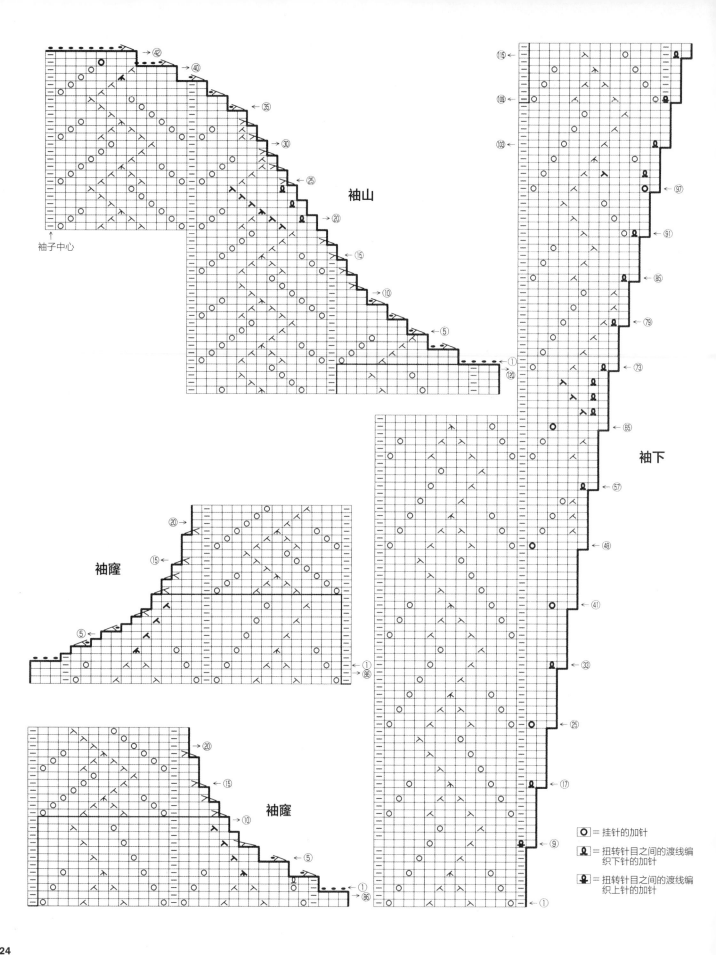

袖山

袖子中心

袖窿

袖窿

袖下

◯ = 挂针的加针

◉ = 扭转针目之间的渡线编织下针的加针

◉ = 扭转针目之间的渡线编织上针的加针

●**材料** 钻石线 Tasmanian Merino <Fine>
Lame（中细）原白色+金银线（401）300g/9团
●**工具** 钩针3/0号
●**成品尺寸** 胸围92cm，肩宽35cm，衣长
53cm，袖长55.5cm
●**编织密度** 编织花样的3个花样8cm，
10cm14行

●**编织方法和组合方法** 身片…在下摆锁针起针后，全部按编织花样钩织。如图所示，在胁部、袖窿、领窝、斜肩做加减针。袖子…注意与身片的编织起点位置不同。参照图5、图6，在袖下和袖山做加减针。组合…肩部根据针目状态钩织"1针引拔针、2~4针锁针"做锁针接合，胁部、袖下钩织"1针引拔针、3针锁针"做锁针缝合。下摆将前、后身片连起来按边缘编织A、袖口按边缘编织B一边平均减针一边挑针后环形钩织。衣领如图所示挑针后按边缘编织C环形钩织。袖子与身片钩织"1针引拔针、3针锁针"做锁针缝合。

page45

# 29

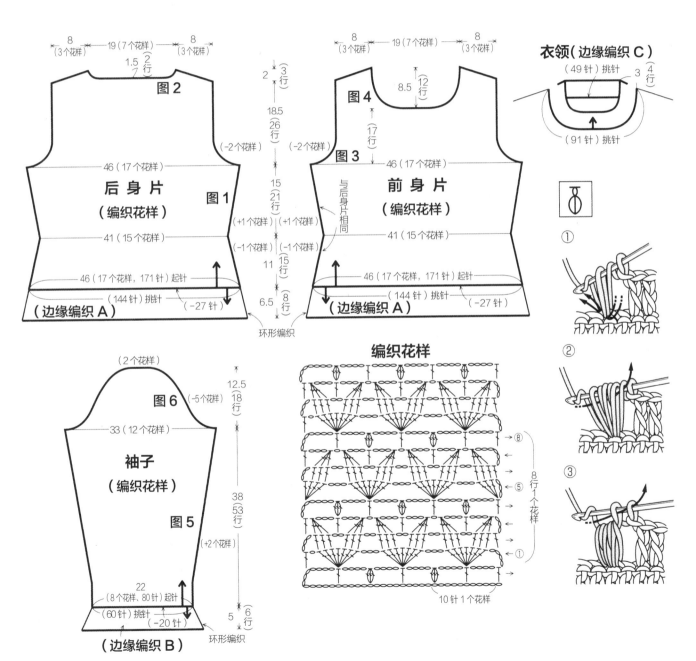

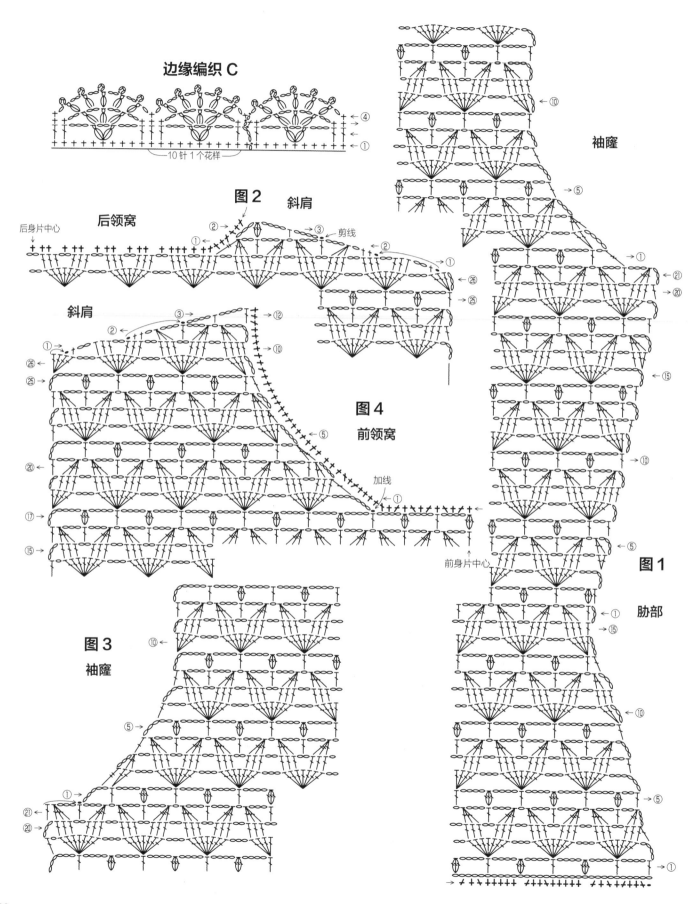

边缘编织 C

10针 1个花样

图2
后领窝
斜肩
剪线
后身片中心

斜肩
图4
前领窝
加线

图3
袖窿

袖窿

图1

肋部

前身片中心

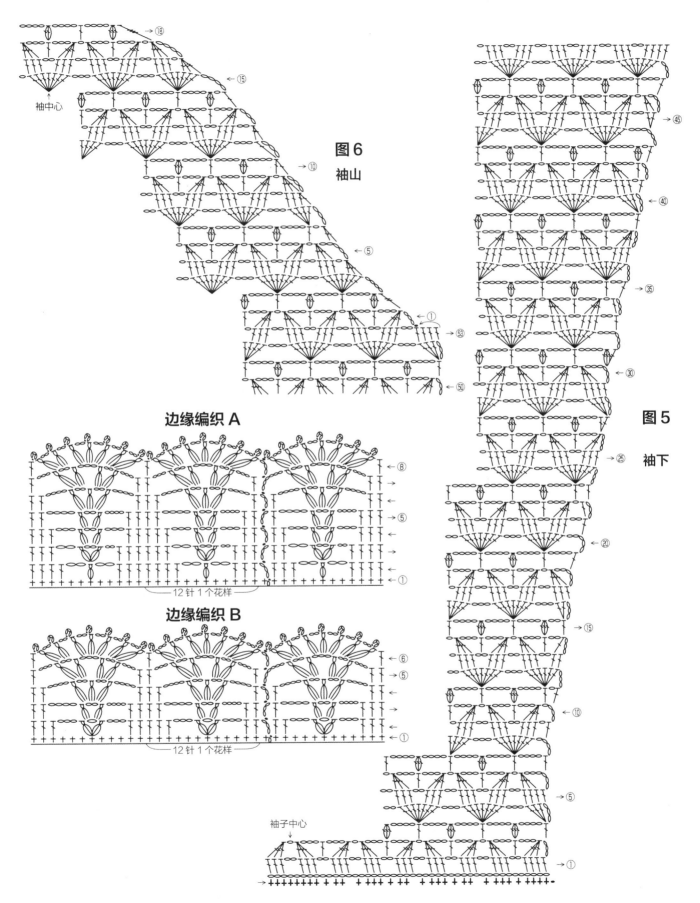

图6
袖山

袖中心

→ ⑱
← ⑮
→ ⑩
← ⑤
← ①
→ ㊼
← ㊿

边缘编织 A

← ⑧
→ ⑤
←
→
←
← ①

12针 1个花样

边缘编织 B

← ⑥
→ ⑤
←
→
← ①

12针 1个花样

图5
袖下

→ ㊺
← ㊵
← ㉟
← ㉚
→ ㉕
← ⑳
→ ⑮
← ⑩
→ ⑤
→ ①

袖子中心

page42

# 27

●**材料** 钻石线 Diasilksufure（中粗）原白色（301）350g/10团，直径1.5cm的纽扣7颗

●**工具** 棒针5号、4号、3号

●**成品尺寸** 胸围94cm，肩宽38cm，衣长54.5cm，袖长53.5cm

●**编织密度** 10cm×10cm面积内：编织花样A 28针，33行

●**编织方法和组合方法** 身片…在下摆的花样切换处另线锁针起针后，做上针编织和编织花样A。在腰部变换针号，在袖窿和领窝减针。下摆解开另线锁针的起针后按编织花样B编织，结束时做扭针的罗纹针收针。袖子…编织要领与身片相同，在袖下和袖山做加减针。组合…肩部做盖针接合，胁部、袖下做挑针缝合。衣领、前门襟按编织花样B编织，结束时做扭针的罗纹针收针，利用花样的空隙做扣眼绣制作扣眼。袖子与身片之间做引拔缝合。

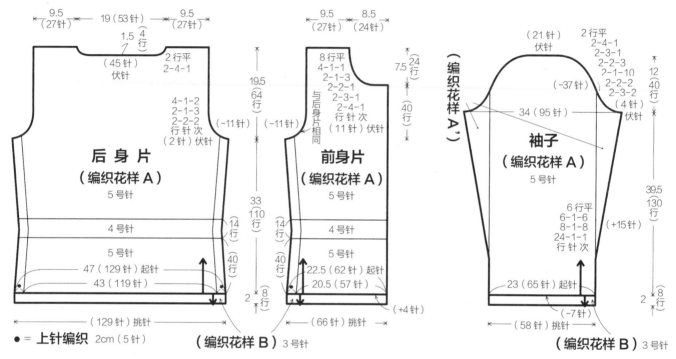

**后身片**（编织花样A）5号针

**前身片**（编织花样A）5号针

**袖子**（编织花样A）5号针

9.5（27针）　19（53针）　9.5（27针）
1.5（4行）
（45针）伏针　2行平 2-4-1
4-1-2 2-1-3 2-2-2 行针次（2针）伏针
（-11针）
19.5（64行）
33（110行）
4号针
5号针
47（129针）起针
43（119针）
14行
40行
2（8行）
● = 上针编织 2cm（5针）
（129针）挑针

9.5（27针）　8.5（24针）
8行平 4-1-1 2-1-3 2-2-1 2-3-1 2-4-1 行针次（11针）伏针
7.5（24行）
与后身片相同
（-11针）
40行
14行
22.5（62针）起针
20.5（57针）
40行
2（8行）
（+4针）
（66针）挑针
（编织花样B）3号针

（21针）伏针
2行平 2-4-1 2-3-1 2-2-3 2-1-10 2-2-2 2-3-2（4针）伏针
（-37针）
34（95针）
12（40行）
6行平 6-1-6 8-1-8 24-1-1 行针次（+15针）
39.5（130行）
23（65针）起针
2（8行）
（-7针）
（58针）挑针
（编织花样B）3号针

（编织花样A'）

## 编织花样A（袖子）　　编织花样A'

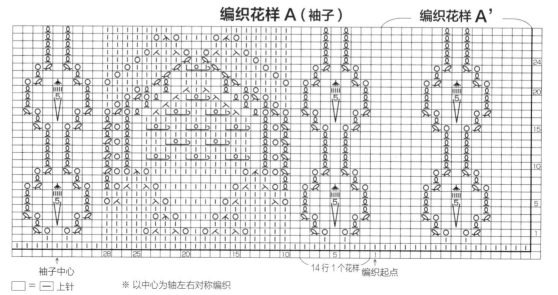

24　20　15　10　5　1

袖子中心

28　25　20　15　10　5　1

14行1个花样　编织起点

□ = ⊏⊐ 上针　　※以中心为轴左右对称编织

128

## 编织花样 A（身片）

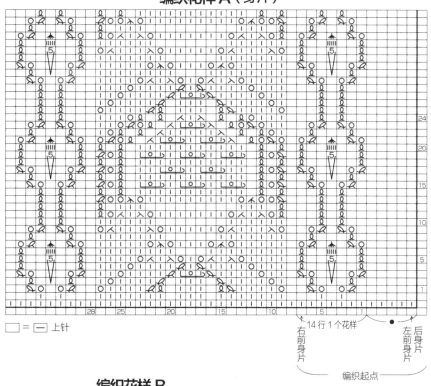

□ = ⊟ 上针

14 行 1 个花样

右前身片　后身片　左前身片

编织起点

## 衣领、前门襟（编织花样 B）3 号针

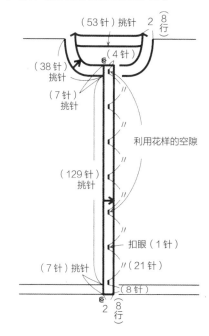

（53 针）挑针　2（8 行）

（4 针）

（38 针）挑针

（7 针）挑针

利用花样的空隙

（129 针）挑针

扣眼（1 针）

（7 针）挑针　（21 针）

（8 针）

2（8 行）

## 编织花样 B

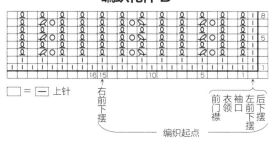

□ = ⊟ 上针

右前门襟下摆

前门襟　衣领口　袖　左前下摆　后下摆

编织起点

## 扣眼（右前门襟）

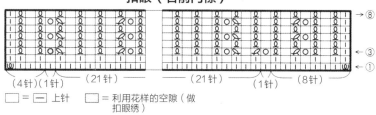

（4针）（1针）　（21针）　（21针）　（1针）　（8针）

□ = ⊟ 上针　　□ = 利用花样的空隙（做扣眼绣）

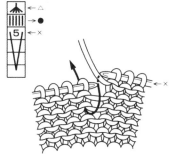

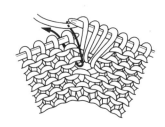

1 编织 × 行时，如箭头所示在前3行的针目里插入棒针。

2 在同一针目里插入棒针编织"下针、挂针、下针、挂针、下针"，注意将针目拉出一定高度。

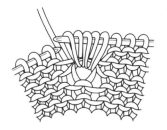

3 取下左棒针上的针目解开，下一行正常编织上针。

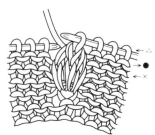

4 在△行编织中上5针并1针，完成。

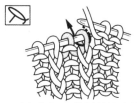

1 如箭头所示将棒针插入右侧的针目里，不编织，直接移至右棒针上。

2 在左侧的针目里插入棒针，挂线后拉出，编织下针。

3 在刚才移至右棒针上的针目里插入左棒针，将其覆盖在已织针目上。

4 扭针的右上2针并1针完成。

129

page43

## 28

● **材料** 钻石线 Diasilksufure（中粗）原白色（301）260g/8团，直径1.1cm的纽扣 2颗

● **工具** 棒针5号、4号、3号，钩针3/0号

● **成品尺寸** 胸围93cm，肩宽32cm，衣长51.5cm，袖长23.5cm

● **编织密度** 10cm×10cm面积内：编织花样A 26针，34行（5号针）

● **编织方法和组合方法** 身片…在下摆另线锁针起针后，按编织花样A编织，在腰部变换

针号。下摆解开另线锁针的起针后编织起伏针，结束时做上针的伏针收针，注意线不要拉得太紧。袖子…编织要领与身片相同，袖山如图所示利用花样减针。组合…肩部做盖针接合，胁部、袖下做挑针缝合。衣领按编织花样B变换针号编织，结束时做扭针的罗纹针收针。在后领开口钩织短针制作纽襻。袖子与身片做引拔缝合。

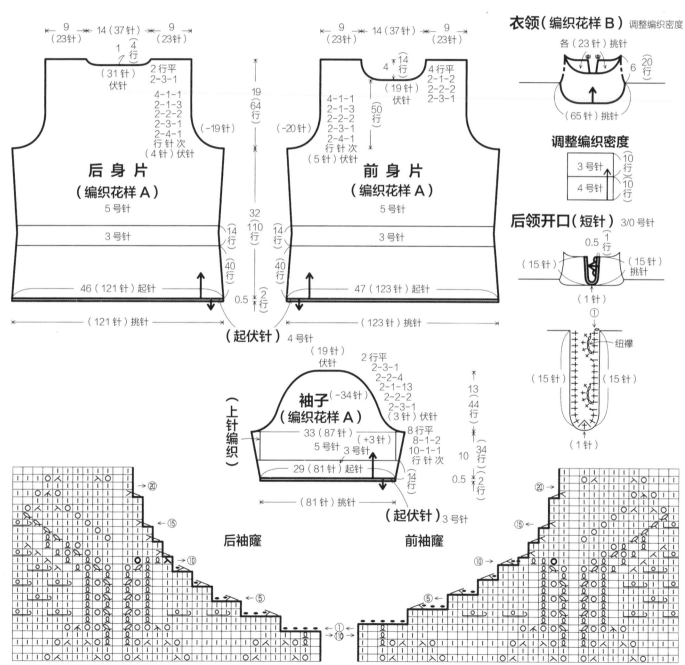

### 衣领（编织花样B）调整编织密度

各（23针）挑针
6 ⑳20行
（65针）挑针

### 调整编织密度

| 3 号针 | ⑩10行 |
| 4 号针 | ⑩10行 |

### 后领开口（短针）3/0 号针

（15针）
0.5 ①1行
（15针）挑针
（1针）
①
纽襻
（15针）
（15针）
（1针）

### 后身片（编织花样A）5号针

9（23针） 14（37针） 9（23针）
1 ④4行
（31针）2行平 伏针 2-3-1
4-1-1
2-1-3
2-2-2
2-3-1
2-4-1 行针次
（4针）伏针
（-19针）

3号针
14行
40行

46（121针）起针
（121针）挑针

### 前身片（编织花样A）5号针

9（23针） 14（37针） 9（23针）
4 ⑭14行
4行平
2-1-2
2-2-2
2-3-1
（19针）伏针
4-1-1
2-1-3
2-2-1
2-3-1
2-4-1 行针次
（5针）伏针
（-20针）

50行

3号针
14行
40行

47（123针）起针
（123针）挑针

19
64行

32
110行

0.5 ②2行

（起伏针）4号针

### 袖子（编织花样A）

（19针）伏针
2行平
2-3-1
2-2-4
2-1-13
2-2-2
2-3-1
（3针）伏针
（-34针）

33（87针）
（+3针）
5号针 3号针
8行平
8-1-2
10-1-1 行针次

29（81针）起针
14行
（81针）挑针

（上针编织）

13
44行

10
34行

0.5 ②2行

（起伏针）3号针

后袖隆　　　前袖隆

⑳　⑳
⑮　⑮
⑩　⑩
⑤　⑤
①
①

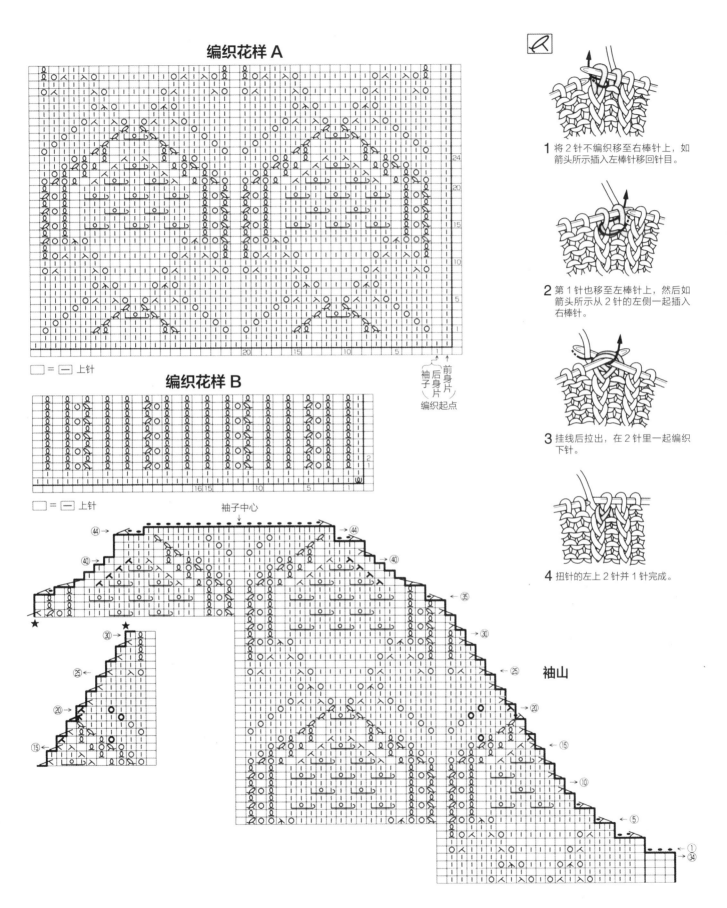

## 编织花样 A

□ = — 上针

## 编织花样 B

□ = — 上针

1 将2针不编织移至右棒针上，如箭头所示插入左棒针移回针目。

2 第1针也移至左棒针上，然后如箭头所示从2针的左侧一起插入右棒针。

3 挂线后拉出，在2针里一起编织下针。

4 扭针的左上2针并1针完成。

袖子中心

袖山

前身片
后身片
袖子
编织起点

●**材料** 钻石线 Tasmanian Merino <Fine>（中细）黑色（118）140g／4团，灰色（117）50g／2团，原白色（101）30g／1团

●**工具** 钩针3/0号

●**成品尺寸** 长161.5cm，宽51cm

●**编织密度** 花片A的直径为8.5cm，花片B的边长为2cm

●**编织方法和组合方法** 花片A…用原白色线环形起针，钩织"变化的3针中长针的枣形针和2针锁针"。第2圈加入灰色线，钩织"4针

page47

# 30

长针、3针锁针"。第3圈加入黑色线，重复"在前一圈锁针的第2针里钩织1针短针、10针锁针、1针短针、6针锁针"。第4圈在前一圈的10针锁针上钩织"7针长针、3针锁针、7针长针"，然后在前一圈的6针锁针上钩织1针短针。披肩…如图所示拼接花片A，从第2片开始与相邻花片做引拔连接。花片B、B'用灰色线一边钩织一边在花片A的空隙和侧边做引拔连接。

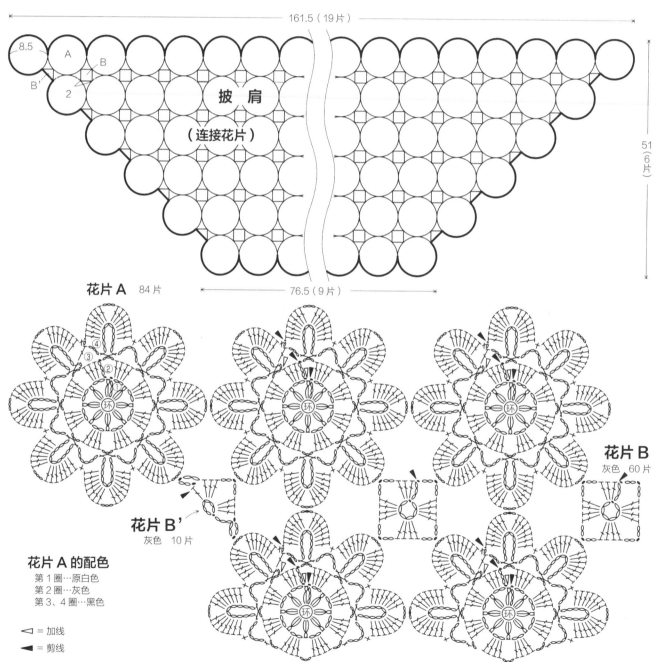

161.5（19片）

8.5

A

B

B'

2

披 肩

（连接花片）

51（6片）

76.5（9片）

花片 A 84片

花片 B' 灰色 10片

花片 B 灰色 60片

**花片 A 的配色**
第1圈…原白色
第2圈…灰色
第3、4圈…黑色

◁ = 加线

◀ = 剪线

132

●**材料** 钻石线 Tasmanian Merino <Fine>（中细）米色（102）320g/10团，直径1.5cm的纽扣6颗

page48

## 31

●**工具** 钩针3/0号、2/0号

●**成品尺寸** 胸围93.5cm，肩宽35cm，衣长55cm，袖长55cm

●**编织密度** 10cm×10cm面积内：编织花样A 5.5个花样，18行

●**编织方法和组合方法** 身片…在下摆锁针起针后，按编织花样A编织，在袖窿和领窝减针。袖子…编织要领与身片相同，在袖下和袖山做加减针。组合…肩部根据针目状态钩织"3针引拔针、3针锁针"做锁针接合，胁部、袖下按相同要领做锁针缝合。下摆按编织花样B连续编织前、后身片，然后一边钩织花片一边在方眼针的内部做引拔连接。袖口按编织花样B'编织，然后与编织起点引拔连接成环形。下摆、袖口均做锁针缝合。前门襟、衣领钩织边缘，将针目的空隙作为扣眼。袖子与身片做锁针缝合。

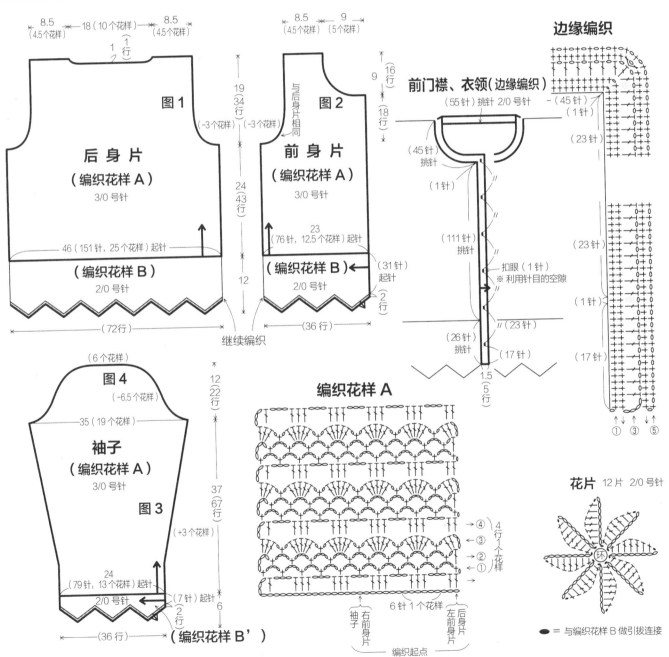

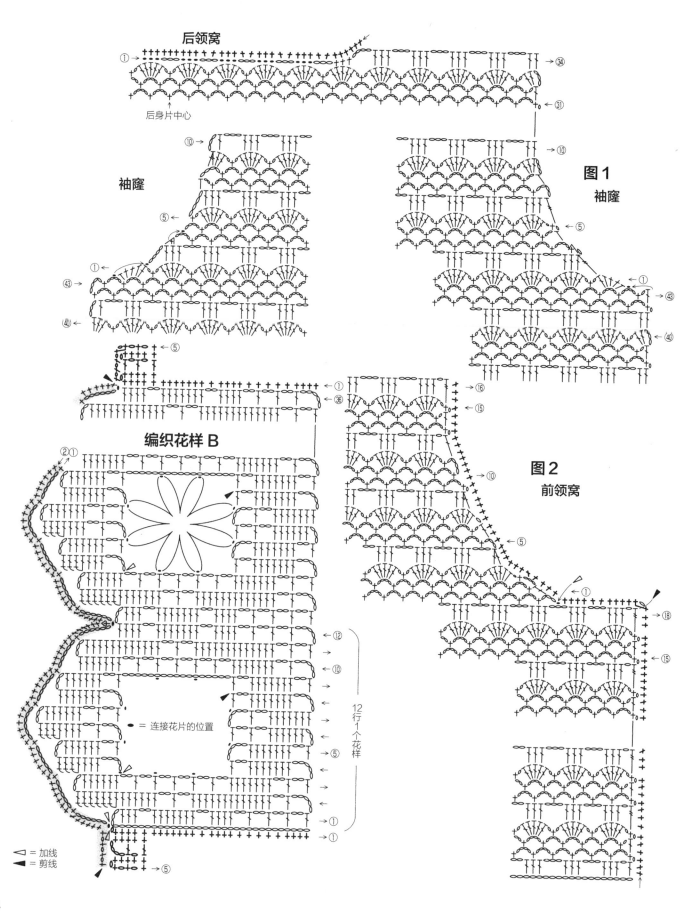

后领窝

后身片中心

袖窿

图1
袖窿

编织花样 B

= 连接花片的位置

12行1个花样

图2
前领窝

▷ = 加线
◀ = 剪线

134

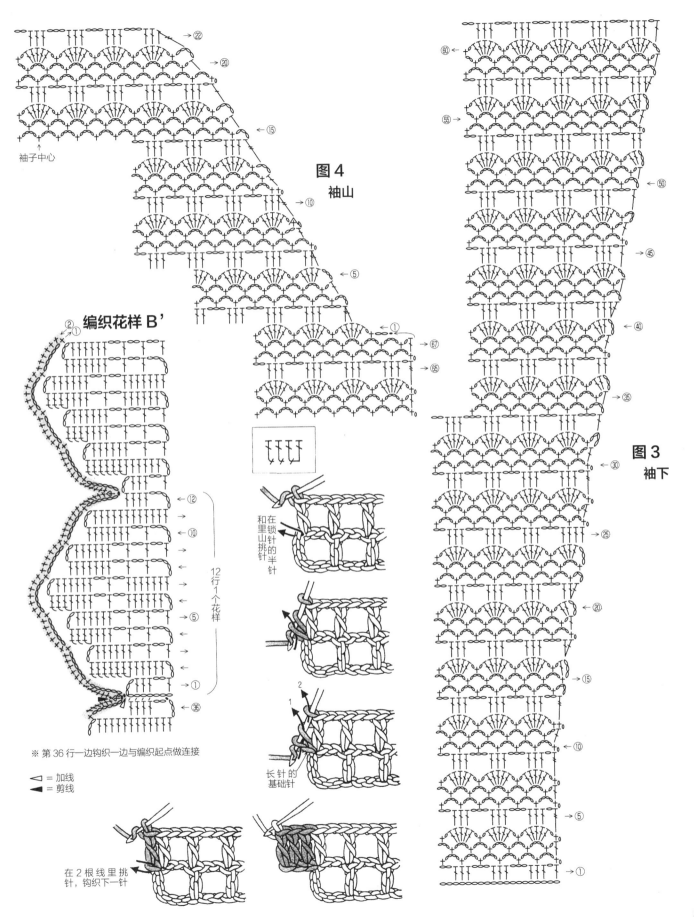

图4
袖山

袖子中心

编织花样 B'

12行1个花样

※ 第 36 行一边钩织一边与编织起点做连接

▷ = 加线
◀ = 剪线

在锁针
和里山挑针的半针

长针的
基础针

在2根线里挑
针，钩织下一针

图3
袖下

**32**

●材料 钻石线 Tasmanian Merino <Fine> Lame（中细）黑色+金银线（410）310g/9团，直径1.1cm的纽扣3颗

●工具 钩针3/0号、2/0号

●成品尺寸 胸围92cm，肩宽36cm，衣长52cm，袖长40cm

●编织密度 10cm×10cm面积内：编织花样A 约6个花样，15行

●编织方法和组合方法 身片…在下摆锁针起针后开始编织，如图所示在胁部、袖窿、斜肩、领窝做加减针。袖子…因为要在袖口制作出收褶的效果，所以按4针锁针里挑取1个花样的要领开始编织。钩97针锁针（24个花样）起针，在袖下和袖山减针。组合…肩部根据针目状态做锁针接合，胁部、袖下做锁针缝合。下摆、袖口平均减针后环形钩织边缘。衣领按编织花样B变换针号编织。后领开口连续在衣领和身片上挑针钩织短针，同时制作纽襻。袖子与身片之间做锁针缝合。

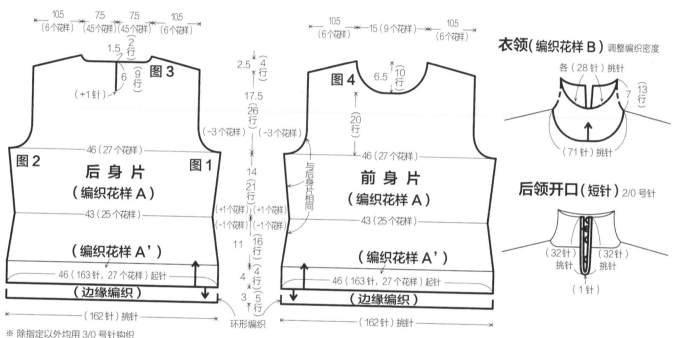

衣领（编织花样B）调整编织密度

后领开口（短针）2/0号针

※除指定以外均用3/0号针钩织

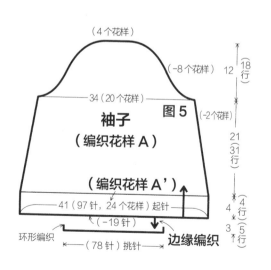

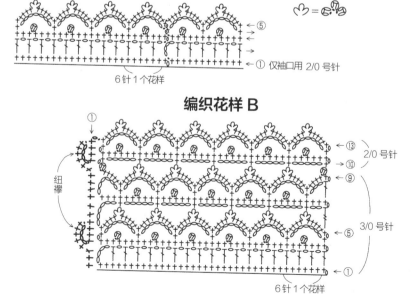

边缘编织

♡ = （符号图）

6针1个花样
① 仅袖口用 2/0号针

编织花样B

6针1个花样

136

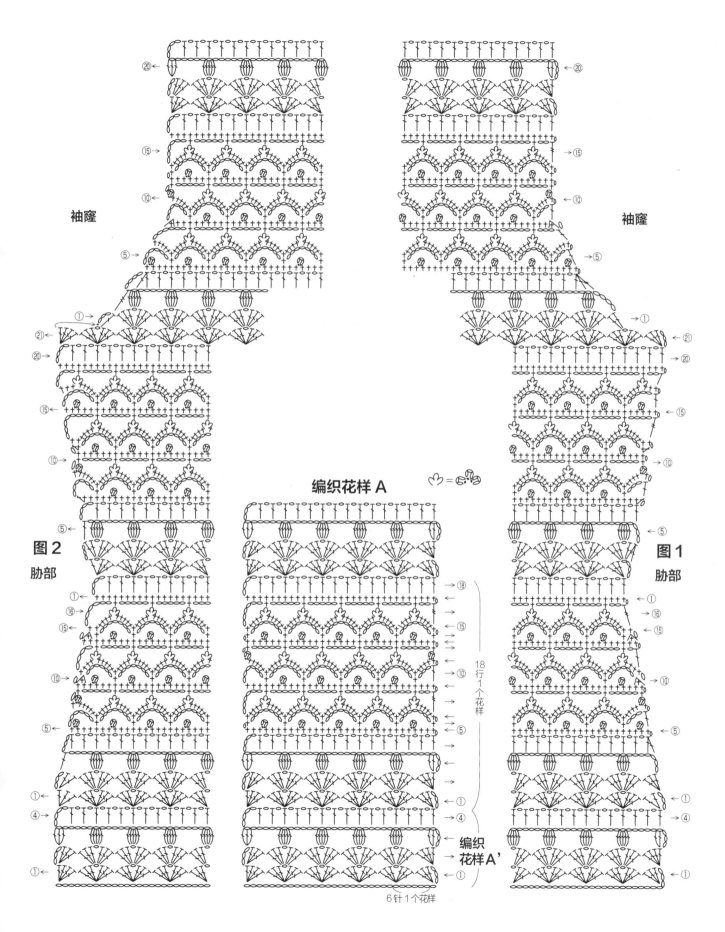

袖窿

袖窿

编织花样A

图2
肋部

图1
肋部

编织
花样A'

18行1个花样

6针1个花样

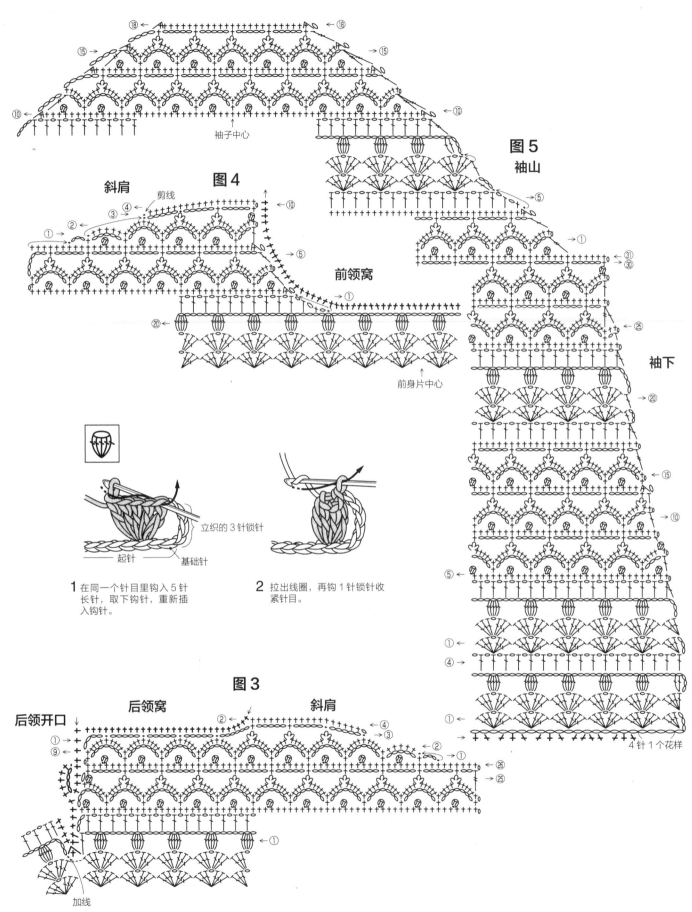

図5
袖山

图4
斜肩
剪线

前领窝
前身片中心

袖子中心

袖下

4针1个花样

1 在同一个针目里钩入5针长针，取下钩针，重新插入钩针。
立织的3针锁针
基础针
起针

2 拉出线圈，再钩1针锁针收紧针目。

图3
后领窝
斜肩
后领开口
加线

page59

# 37

●**材料** 钻石线 Tasmanian Merino <Tweed>
（中粗）驼色（901）450g/12团

●**工具** 棒针7号、6号、5号、4号

●**成品尺寸** 胸围94cm，肩宽34cm，衣长
55.5cm，袖长55.5cm

●**编织密度** 10cm×10cm面积内：编织花
样A 30针，A'29针，均为33行

●**编织方法和组合方法** 身片…在下摆的花
样切换处另线锁针起针后，按编织花样A编
织。袖窿和领窝做伏针减针和立起侧边1针

的减针，肩部做引返编织。下摆解开另线锁
针的起针后按编织花样B编织，结束时做扭
针的双罗纹针收针。袖子…编织要领与身片
相同，按编织花样A'、B'编织。组合…肩
部做盖针接合，肋部、袖下做挑针缝合。衣
领挑针后编织14行扭针的双罗纹针，接着翻
转织物，看着内侧按编织花样B"环形编织
18行，剩下的16行做往返编织，制作前领开
口。袖子与身片做引拔缝合。

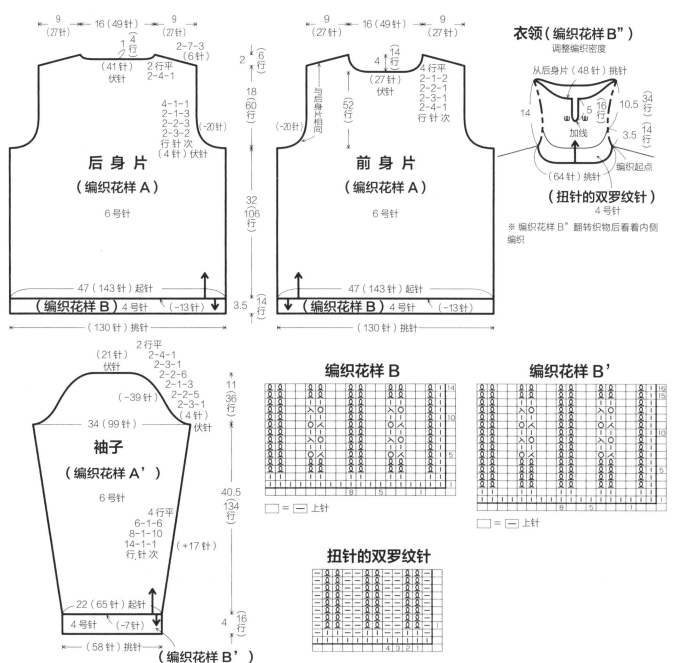

## 编织花样 A'

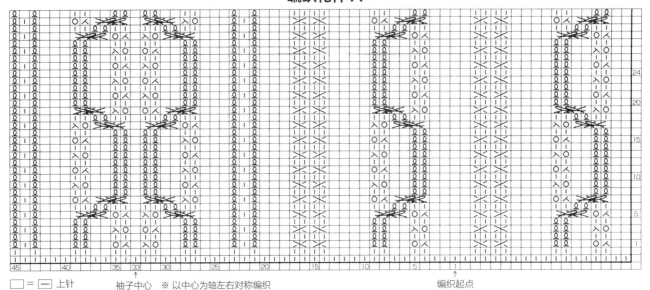

□ = — 上针　　　　　袖子中心　　※ 以中心为轴左右对称编织　　　　　　编织起点

## 编织花样 A

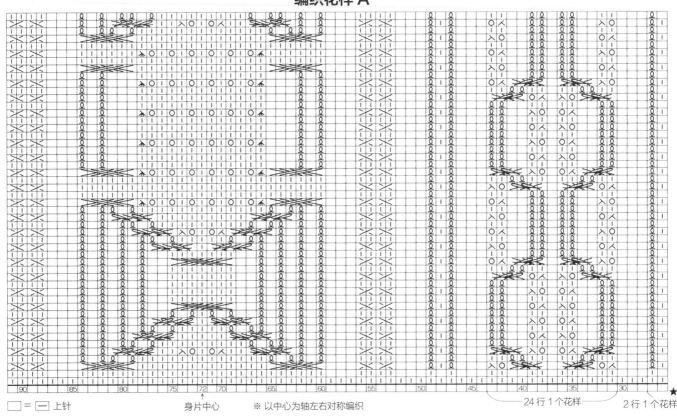

□ = — 上针　　　　　身片中心　　※ 以中心为轴左右对称编织　　　　24 行 1 个花样　　2 行 1 个花样

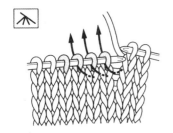

1 依次在 3 针里从前面入针，
不编织，直接移至右棒针上。

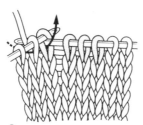

2 在第 4 针里插入右棒针，挂
线后拉出，编织下针。

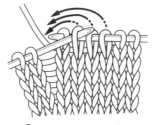

3 用左棒针依次挑起刚才移过来
的 3 针并覆盖在已织针目上。

4 右上 4 针并 1 针完成。

## 编织花样 B"

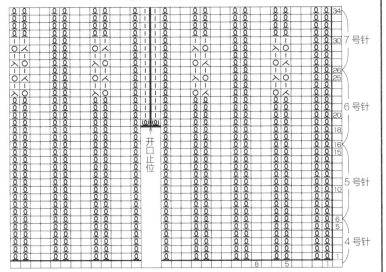

□ = ─ 上针

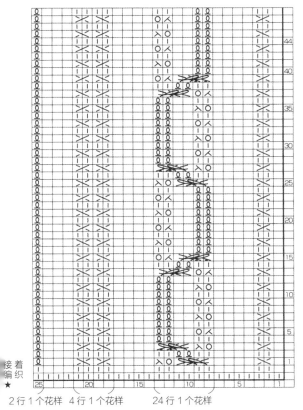

2行1个花样　4行1个花样　24行1个花样

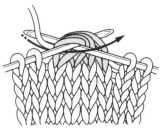

1 如箭头所示，从4针的左侧一次性插入右棒针。

2 挂线，如箭头所示从4针里一起拉出，编织下针，左上4针并1针完成。

★接 p.145 的作品 34

## 编织花样 B

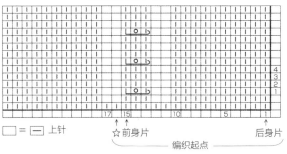

□ = ─ 上针　　☆前身片　　后身片　　编织起点

## 编织花样 C

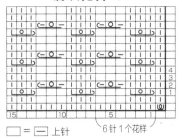

□ = ─ 上针　　6针1个花样

## 衣领（编织花样 C）5号针

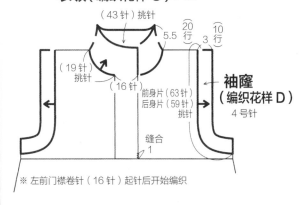

※ 左前门襟卷针（16针）起针后开始编织

## 编织花样 D

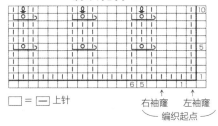

□ = ─ 上针　　右袖窿　　左袖窿　　编织起点

141

page53

## 33

● **材料** 钻石线 Diascene（中粗）蓝色、紫色和黄色段染（804）220g/7团

● **工具** 棒针5号、4号、3号

● **成品尺寸** 胸围92cm，肩宽34cm，衣长53.5cm，袖长10cm

● **编织密度** 10cm×10cm面积内：编织花样A、C均为30针，33行；编织花样B 31针，32行

● **编织方法和组合方法** 身片……在下摆另线锁针起针后，按编织花样A、B编织。下摆解

开另线锁针的起针后编织起伏针，结束时利用花样的扇形做上针的伏针收针，注意线不要拉得太紧。袖子……另线锁针起针后按编织花样C编织，如图所示利用花样在袖山减针。袖口与身片用同样的方法编织后收针。组合……肩部做盖针接合，胁部、袖下做挑针缝合。衣领按编织花样D环形编织，结束时按扭针和单罗纹针收针的要领插入缝针收针。袖子与身片做引拔缝合。

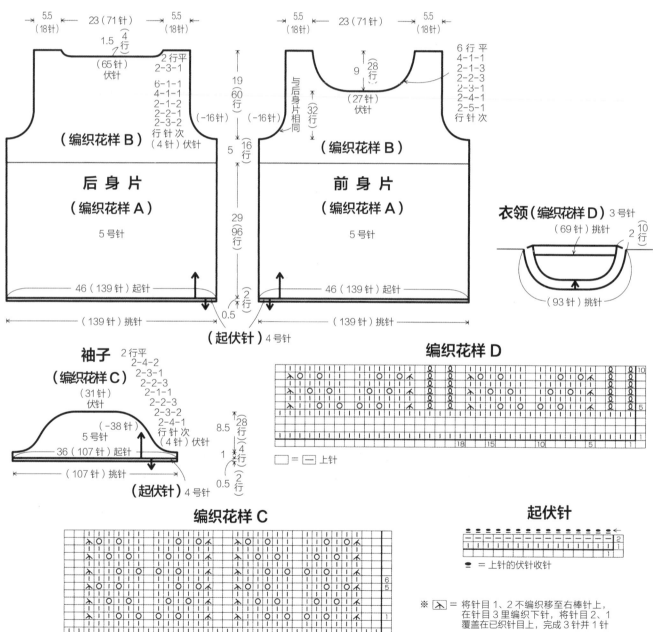

142

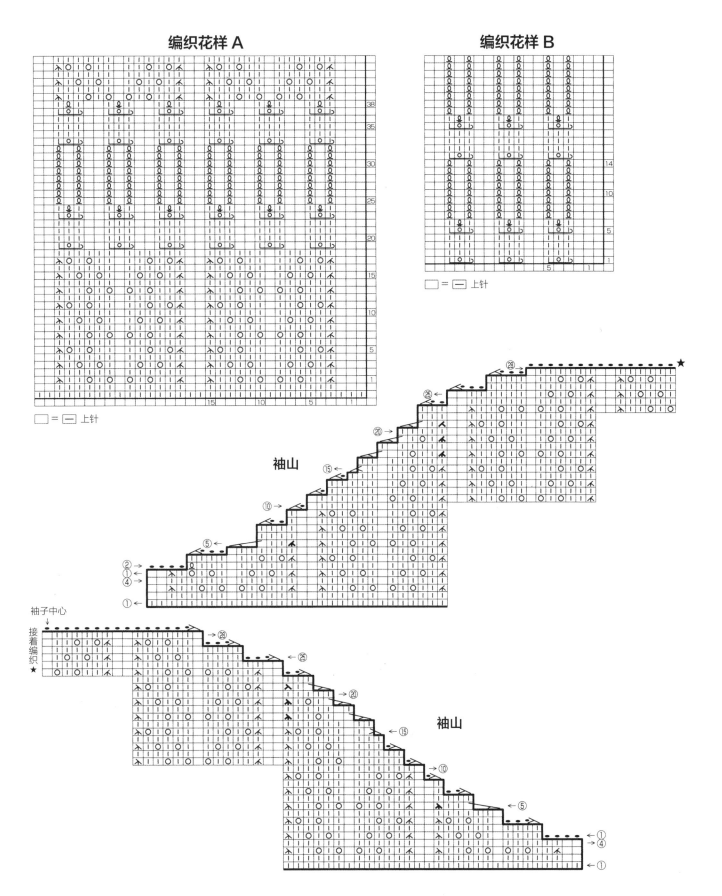

编织花样 A

编织花样 B

□ = □ 上针

□ = □ 上针

袖山

袖子中心

接着编织

★

袖山

●**材料** 钻石线 Diamohairdeux <Alpaca> Print（中粗）深、浅茶色系段染（609）230g/6团

●**工具** 棒针6号、5号、4号

●**成品尺寸** 胸围92cm，肩宽37cm，衣长69cm

●**编织密度** 10cm×10cm面积内：编织花样A 24针，31行；编织花样B 23针，29行

●**编织方法和组合方法** 后身片…在下摆另线锁针起针后，按编织花样A编织至腋下，如图所示做分散减针。接着按编织花样B、C继

续编织，注意编织花样C在反面行也要编织穿过左针的盖针。下摆解开另线锁针的起针后编织起伏针，结束时做上针的伏针收针。前身片…编织要领与后身片相同，在门襟位置分成左右两边，左前门襟卷针起针后开始编织。组合…肩部做盖针接合。衣领接着身片按编织花样C编织，袖窿按编织花样D编织，结束时按单罗纹针收针的要领插入缝针收针。胁部、袖窿的下边做挑针缝合。

page54

# 34

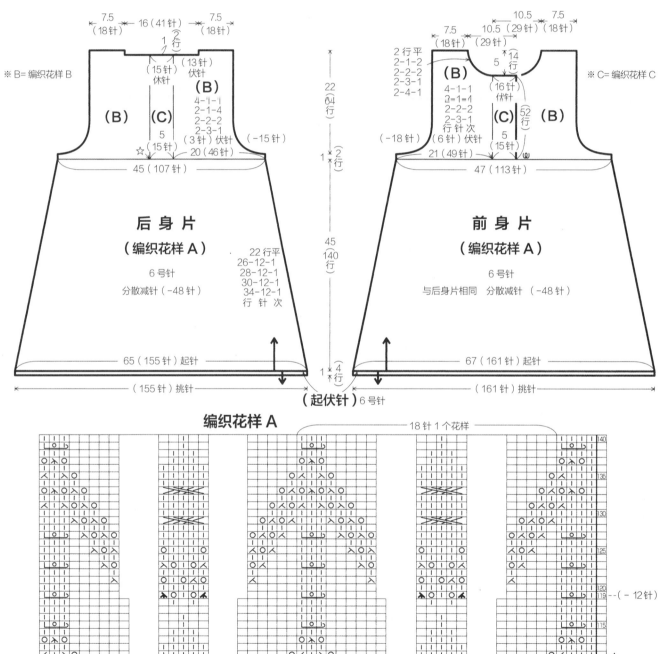

※B=编织花样B

7.5（18针）　16（41针）　7.5（18针）

1　2行

（15针）休针　（13针）伏针

（B）

（B）　（C）

4-1-1
2-1-4
2-2-2
2-3-1
（3针）伏针（-15针）

5
（15针）

☆ 15针
20（46针）

45（107针）

**后身片**
（编织花样A）

6号针

分散减针（-48针）

65（155针）起针

（155针）挑针

22
（64行）

1　2行

45
（140行）

1　4行

（起伏针）6号针

22行平
26-12-1
28-12-1
30-12-1
34-12-1
行　针　次

7.5（18针）　10.5（29针）　10.5（29针）　7.5（18针）

2行平
2-1-2
2-2-2
2-3-1
2-4-1

（B）

5
14行

5

（16针）伏针

4-1-1
2-1-4
2-2-2
2-3-1
行针次
（6针）伏针

（C）　52　（B）

（-18针）

5
（15针）

21（49针）

47（113针）

**前身片**
（编织花样A）

6号针

与后身片相同　分散减针（-48针）

67（161针）起针

（161针）挑针

※C=编织花样C

**编织花样A**

18针 1个花样

140
135
130
125
120
119 --（-12针）
115

★

144

接着编织 ★

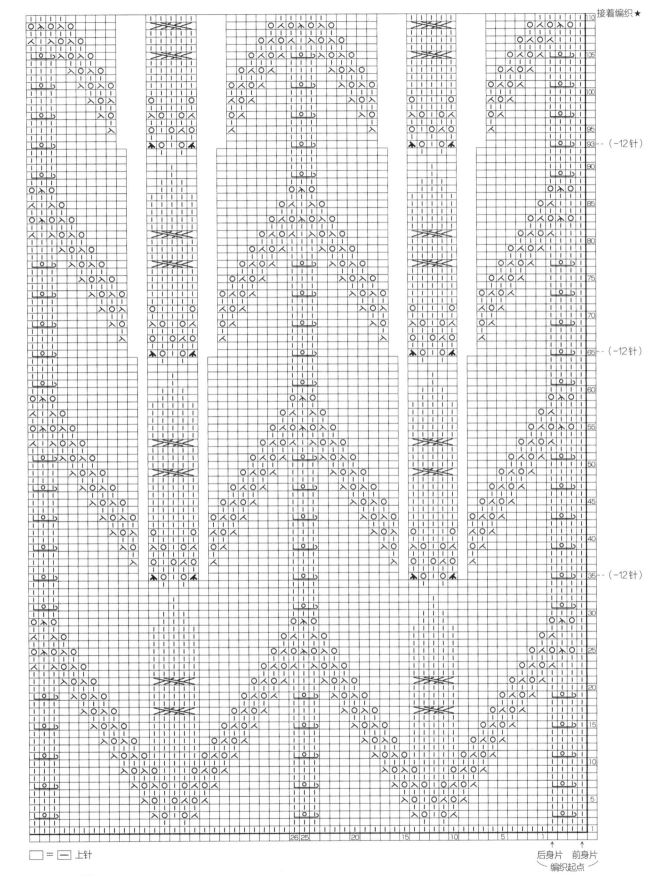

□ = — 上针

★编织花样 B~D 请参照 p.141

后身片　前身片
编织起点

page55

**35**

●**材料** 钻石线 Tasmanian Merino <Malti>（中粗）紫色、蓝色和茶色系混染（206）360g/9团

●**工具** 棒针9号、8号、7号、6号、5号

●**成品尺寸** 胸围92cm，肩宽33cm，衣长57cm，袖长53cm

●**编织密度** 10cm×10cm面积内：编织花样A、A'均为25针，33.5行；编织花样B 32针，35行

●**编织方法和组合方法** 身片…另线锁针起针后，按编织花样A、B、A'编织，如图所示做分散加减针。胁部、袖窿、领窝做伏针减针和立起侧边1针的减针，斜肩做引返编织。下摆解开另线锁针的起针后编织起伏针，结束时看着反面做伏针收针。袖子…编织要领与身片相同，在袖下和袖山做加减针。组合…肩部做盖针接合，胁部、袖下做挑针缝合。衣领做环形编织，先按编织花样A"编织，然后翻转织物看着内侧按编织花样B'编织，结束时做上针的伏针收针。袖子与身片做引拔缝合。

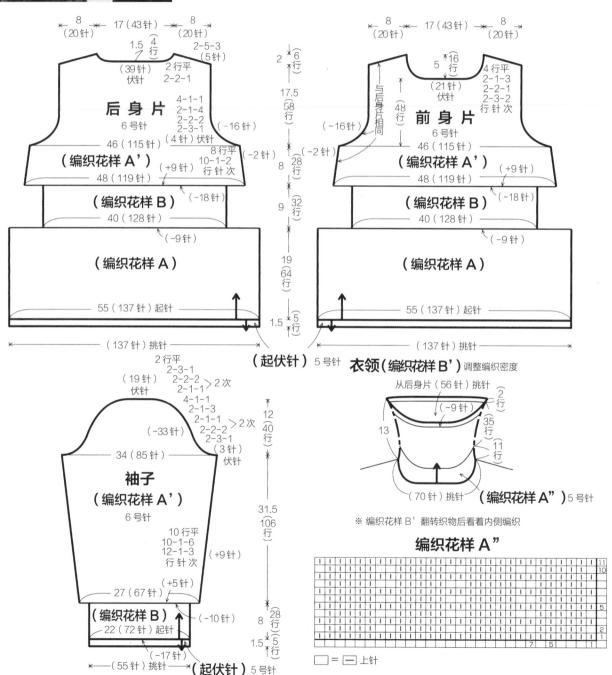

8（20针） 17（43针） 8（20针）

1.5 {4行}

（39针）伏针 2-5-3（5针）

2行平 2-2-1

**后身片** 6号针

4-1-1 2-1-4 2-2-2 2-3-1 （-16针）

46（115针）（4针）伏针

（编织花样A'）（+9针）

8行平 10-1-2 行针次 （-2针）

48（119针）

（编织花样B）（-18针）

40（128针）

（编织花样A）（-9针）

55（137针）起针

（137针）挑针

2 {6行}

17.5（58行）

8（28行）

9（32行）

19（64行）

1.5 {5行}

（起伏针）5号针

8（20针） 17（43针） 8（20针）

5 {16行}

（21针）伏针

4行平 2-1-3 2-2-1 2-3-2 行针次

**前身片** 6号针

与后身片相同 48行

46（115针）

（编织花样A'）（+9针）

48（119针）（-18针）

（编织花样B）

40（128针）（-9针）

（编织花样A）

55（137针）起针

（137针）挑针

2行平 2-3-1 2-2-2 2次 2-1-1

（19针）伏针

4-1-1 2-1-3 2-1-1 2次 2-2-2 2-3-1 （3针）伏针

（-33针）

34（85针）

**袖子** （编织花样A'）6号针

10行平 10-1-6 12-1-3 行针次 （+9针）

（+5针）

27（67针）

（编织花样B）（-10针）

22（72针）起针 （-17针）

（55针）挑针 （起伏针）5号针

12（40行）

31.5（106行）

8（28行）

1.5 {5行}

**衣领**（编织花样B'）调整编织密度

从后身片（56针）挑针

（-9针） 2行

13 35行 11行

（70针）挑针 （编织花样A"）5号针

※ 编织花样B'翻转织物后看着内侧编织

**编织花样A"**

□ = ― 上针

11 10 5 2 1

7 5

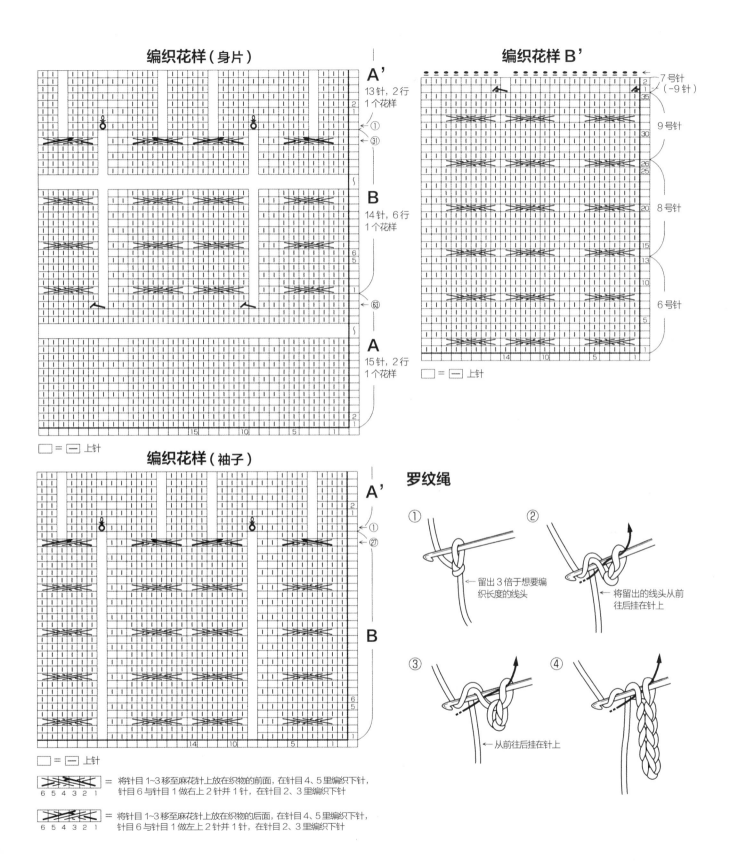

## 编织花样（身片）

A'
13针，2行
1个花样

B
14针，6行
1个花样

A
15针，2行
1个花样

□ = ─ 上针

## 编织花样 B'

7号针
(-9针)
9号针
8号针
6号针

□ = ─ 上针

## 编织花样（袖子）

A'
B

□ = ─ 上针

= 将针目1~3移至麻花针上放在织物的前面，在针目4、5里编织下针，
针目6与针目1做右上2针并1针，在针目2、3里编织下针
6 5 4 3 2 1

= 将针目1~3移至麻花针上放在织物的后面，在针目4、5里编织下针，
针目6与针目1做左上2针并1针，在针目2、3里编织下针
6 5 4 3 2 1

## 罗纹绳

① ← 留出3倍于想要编织长度的线头

② ← 将留出的线头从前往后挂在针上

③ ← 从前往后挂在针上

④

page56

**36**

●**材料** 钻石线 Diadomina（中粗）深浅灰色、紫色和蓝色段染（351）310g/8团
●**工具** 棒针9号、8号、7号，钩针5/0号
●**成品尺寸** 长45.5cm
●**编织密度** 10cm×10cm面积内：编织花样A 26针，28行
●**编织方法和组合方法** 斗篷…在下摆的花样切换处手指挂线起针后，按编织花样A环形编织。61针1个花样，重复6次，参照图示做分散减针。编织116行后变成了19针1个花

样，结束时做伏针收针。组合…下摆挑针后按编织花样B编织，从4针1个花样加针至6针1个花样，结束时做下针织下针、上针织上针的伏针收针。衣领挑针后按编织花样C看着正面编织15行。从第16行开始，翻转织物后看着内侧编织，如图所示加针，结束时做下针织下针、上针织上针的伏针收针。钩织细绳，穿入针目的空隙，最后在末端缝上小绒球。

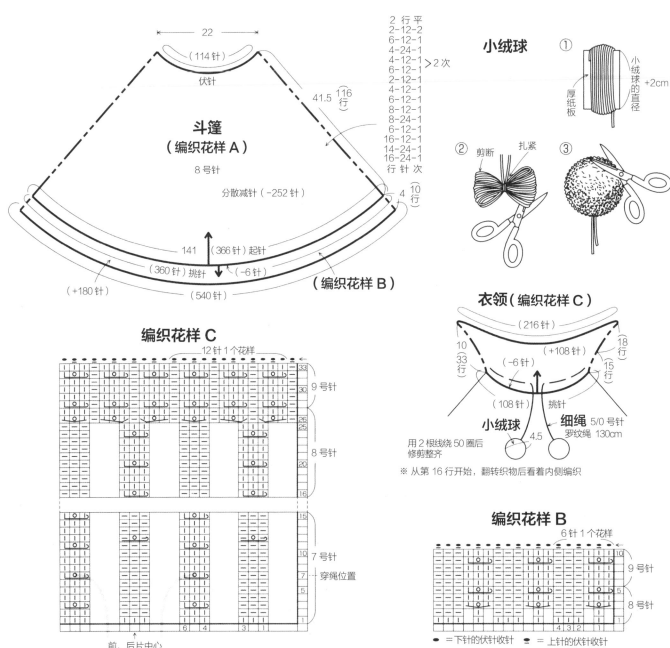

**斗篷**（编织花样A）
8号针
分散减针（-252针）

2 行 平
2-12-2
6-12-1
4-24-1
4-12-1 ＞2次
6-12-1
2-12-1
4-12-1
6-12-1
8-12-1
8-24-1
6-12-1
16-12-1
14-24-1
16-24-1
行 针 次

22
（114针）
伏针
41.5 （116行）
141 （366针）起针
（360针）挑针 （-6针）
（+180针） （540针）
（编织花样B）
4 （10行）

**小绒球**
① 小绒球的直径 +2cm  厚纸板
② 剪断  扎紧
③

**衣领**（编织花样C）
（216针）
10（33行）  （-6针）  （+108针）  18（15行）
（108针）挑针
**小绒球**  4.5  **细绳** 5/0号针 罗纹绳130cm
用2根线绕50圈后修剪整齐
※从第16行开始，翻转织物后看着内侧编织

**编织花样C**
12针1个花样
9号针
8号针
7号针
穿绳位置
33 30 26 25 20 16 15 10 7 5 1
6 4 3 1
前、后片中心

**编织花样B**
6针1个花样
9号针
8号针
10 5 1
4 3 2 1

▬ = 下针的伏针收针
▬ = 上针的伏针收针

## 编织花样 A

19针 1个花样

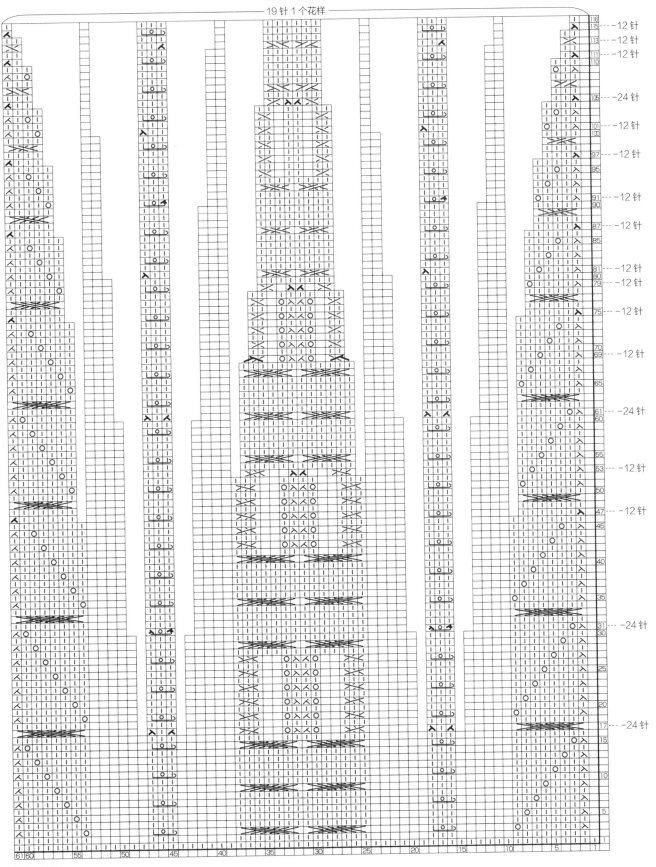

116
115 ----12针
113 ----12针
111 ----12针
110
105 ----24针
101 ----12针
100
97 ----12针
95
91 ----12针
90
87 ----12针
85
81 ----12针
80
79 ----12针
75 ----12针
70
69 ----12针
65
61 ----24针
60
55
53 ----12针
50
47 ----12针
45
40
35
31 ----24针
30
25
17 ----24针
15
10
5
1

61 60    55    50    45    40    35    30    25    20    15    10    5    1

□ = ⊏⊐ 上针

page60

# 38

●**材料** 钻石线 Tasmanian Merino <Tweed>（中粗）灰粉色（909）390g/10团

●**工具** 棒针6号、5号、4号，钩针2/0号

●**成品尺寸** 胸围92cm，肩宽34cm，衣长52.5cm，袖长54.5cm

●**编织密度** 10cm×10cm面积内：编织花样A 29针，编织花样B、C 30针，均为31行

●**编织方法和组合方法** 身片…在下摆的花样切换处另线锁针起针后，按编织花样A、B、C编织，袖窿和领窝做伏针减针和立起侧边1针的减针。下摆解开另线锁针的起针后按编织花样D编织，结束时做单罗纹针收针。袖子…编织要领与身片相同，在袖下和袖山做加减针。袖口的编织终点做扭针的单罗纹针收针。组合…肩部做盖针接合，胁部、袖下做挑针缝合。衣领挑针后，一边调整编织密度一边按编织花样D"环形编织。袖子与身片做引拔缝合。

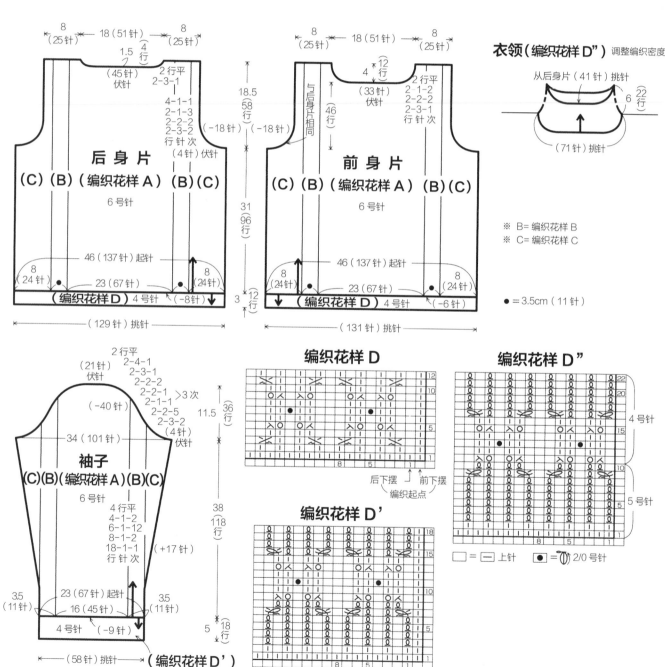

150

## 编织花样 A

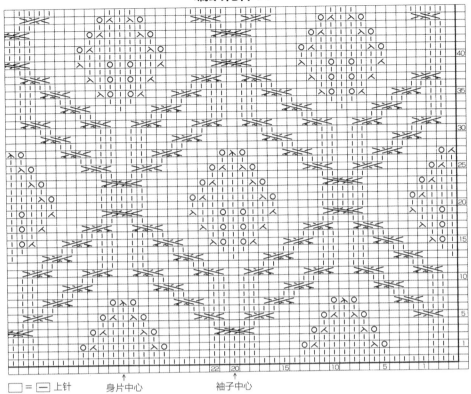

□ = [—] 上针
※ 以中心为轴左右对称编织

身片中心　袖子中心

## 编织花样 B

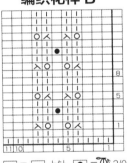

□ = [—] 上针　● = ⊗ 2/0 号针

## 编织花样 C

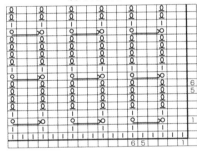

□ = [—] 上针

[○| |○] = 将针目 3、4 覆盖在针目 1、2 上，并从左棒针上取下。
接着编织挂针，在针目 1、2 里编织上针，再编织挂针

**1** 用钩针松松地拉出 1 针，挂线，在同一个针目里插入钩针。

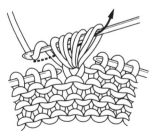

**2** 挂线后拉出。一共重复 3 次，然后一次性引拔穿过所有线圈。

**3** 如图所示再引拔 1 次，收紧针目。

**4** 将枣形针倒向前面，如箭头所示插入钩针引拔。

page61

# 39

●材料　钻石线 Diaanhelo（中粗）橘色系（703）320g/10团
●工具　棒针8号、7号、6号、5号、4号
●成品尺寸　胸围92cm，肩宽37cm，衣长54.5cm，袖长42.5cm
●编织密度　10cm×10cm面积内：编织花样A 28针，35行（5号针）

●编织方法和组合方法　身片…手指挂线起针后，按编织花样A编织至腋下。下摆侧的32行用6号针编织，如图所示做分散加减针。袖窿和领窝做伏针减针和立起侧边1针的减针，肩部做引返编织。下摆挑针后按编织花样B'编织，结束时做下针织下针、上针织上针的伏针收针。袖子…手指挂线起针后按编织花样A编织，袖口挑针后按编织花样B"编织，如图所示一边调整编织密度一边做分散加针。组合…肩部做盖针接合，胁部、袖下做挑针缝合。衣领按编织花样B环形编织，从第11行开始翻转织物，看着内侧编织。袖子与身片做引拔缝合。

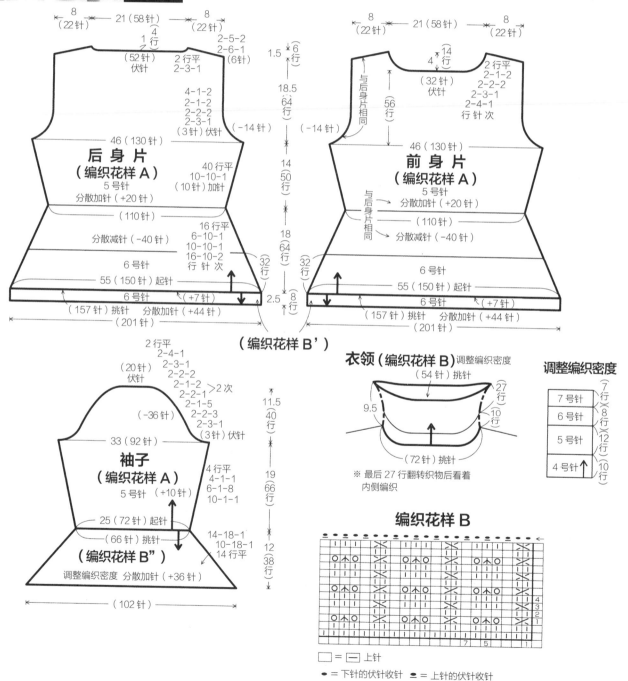

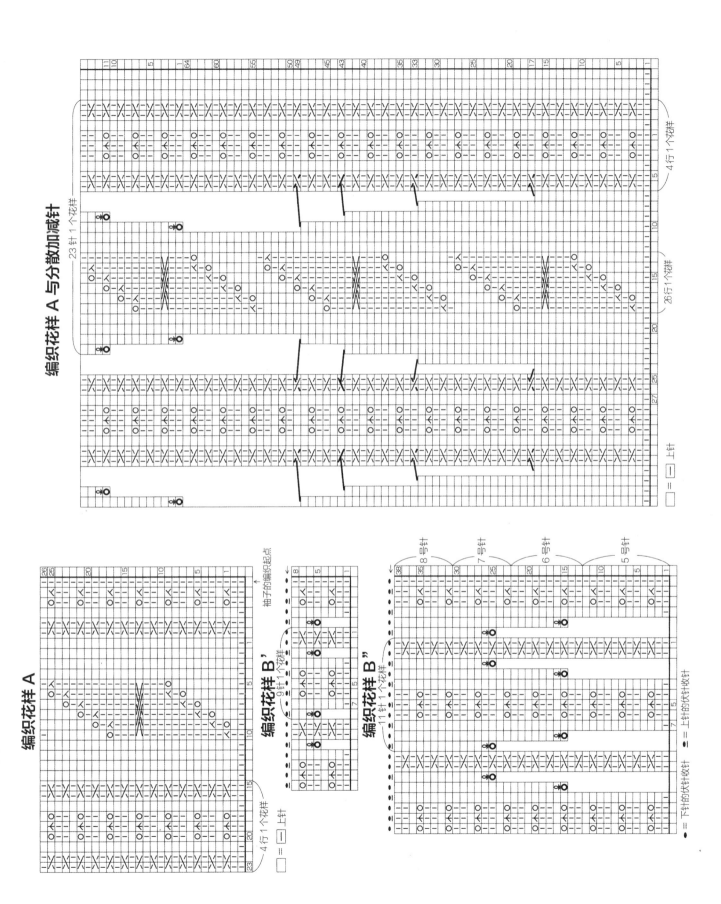

编织花样 A 与分散加减针

编织花样 A

编织花样 B'

编织花样 B"

153

page62

**40**

●材料　钻石线 Tasmanian Merino（中粗）藏青色（739）450g/12团，直径2.8cm的包扣坯1颗

●工具　棒针6号、4号、3号

●成品尺寸　胸围93.5cm，肩宽36cm，衣长52cm，袖长55.5cm

●编织密度　10cm×10cm面积内：编织花样A 31针，33行

●编织方法和组合方法　身片…在下摆的花样切换处另线锁针起针后，按编织花样A编

织，在袖窿和领窝减针。下摆解开另线锁针的起针后按编织花样B编织，结束时一边交叉2针下针一边做双罗纹针收针。袖子…另线锁针起针后，做编织花样A和上针编织，在袖下和袖山做加减针。组合…肩部做盖针接合，胁部、袖下做挑针缝合。衣领按编织花样C编织，一边调整编织密度一边做分散减针，结束时与下摆一样做双罗纹针收针。前门襟按编织花样B编织，制作并缝上包扣。袖子与身片做引拔缝合。

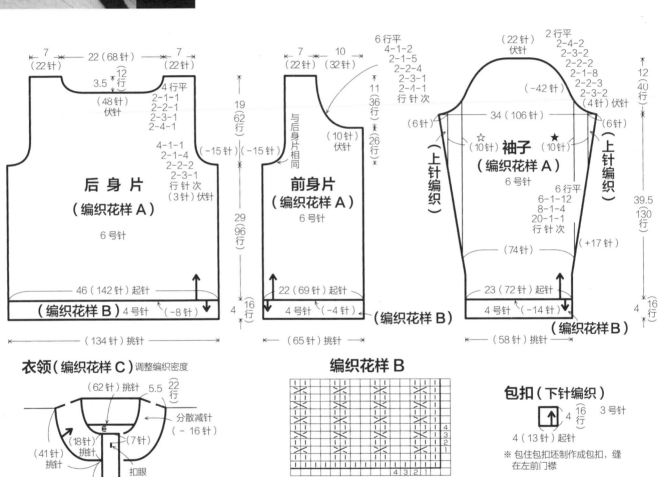

后身片（编织花样A）6号针

前身片（编织花样A）6号针

袖子（编织花样A）6号针

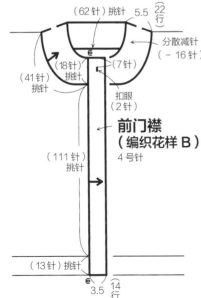

衣领（编织花样C）调整编织密度

前门襟（编织花样B）4号针

编织花样B

后下摆、右前下摆、左前下摆、袖口
编织起点

□ = 〔─〕上针

包扣（下针编织）　3号针

4（13针）起针

※包住包扣坯制作成包扣，缝在左前门襟

扣眼（右前门襟）

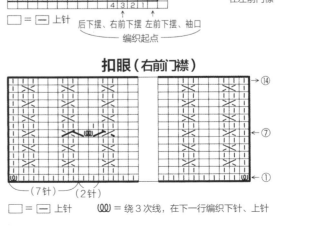

（7针）　（2针）

□ = 〔─〕上针　(((())) = 绕3次线，在下一行编织下针、上针

154

编织花样 A

编织花样 C

# 起针的方法

## ★ 另线锁针起针 ★

因为后面还要解开另线锁针的起针，所以这种起针方法常用于需要在另一侧挑针的情况。使用另线，以及比棒针粗2号左右的钩针钩织锁针，再从锁针上挑针，注意不要劈开锁针的线。

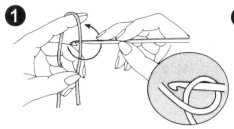

① 将钩针放在线的后面，如箭头所示转动针头挂线。

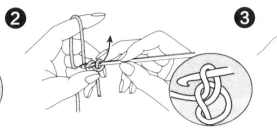

② 用拇指和中指捏住线的交叉点，针头挂线引拔，拉紧线头。1针完成。

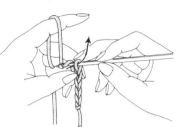

③ 重复针头挂线引拔，比所需针数多钩织几针锁针。最后挂线引拔，断线。

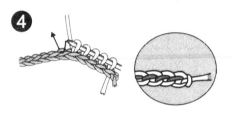

④ 在锁针的里山（凸起的线）里插入棒针，挂线后拉出。在下一针里插入棒针，用相同的方法将线拉出。

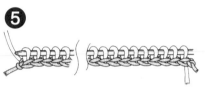

⑤ 从每一个里山挑1针，挑取所需针数。挑取的针目计为1行。

**解开另线锁针的起针进行挑针的方法**

一边解开另线锁针，一边将针目移至棒针上。在第1行的编织终点，如图所示将线头挂在针上一起编织。

## ★ 手指挂线起针 ★

这是一般情况下使用的起针方法，具有伸缩性。起好的针目计为1行。

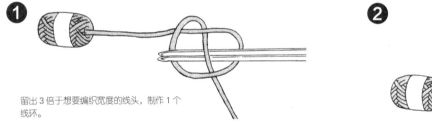

① 留出3倍于想要编织宽度的线头，制作1个线环。

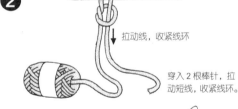

② 拉动线，收紧线环

穿入2根棒针，拉动短线，收紧线环。

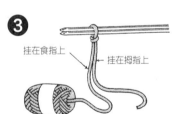

③ 挂在食指上 挂在拇指上

第1针完成。将短线挂在拇指上，将长线挂在食指上。

④ 如箭头所示转动针头，从前面将线挑起。

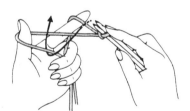

⑤ 如箭头所示转动针头，从后面将线挑出。

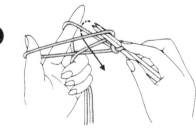

⑥ 暂时取下拇指上的线。

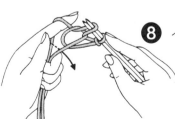

⑦ 如箭头所示插入拇指挂线，拉紧针目。

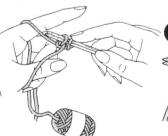

⑧ 第2针完成。

⑨ 重复步骤④～⑦起所需针数。起好的针目就是第1行。抽出1根棒针开始编织。

156

# 引返编织的方法

用于斜肩等部位，一边依次保留针目，一边编织出倾斜的效果。

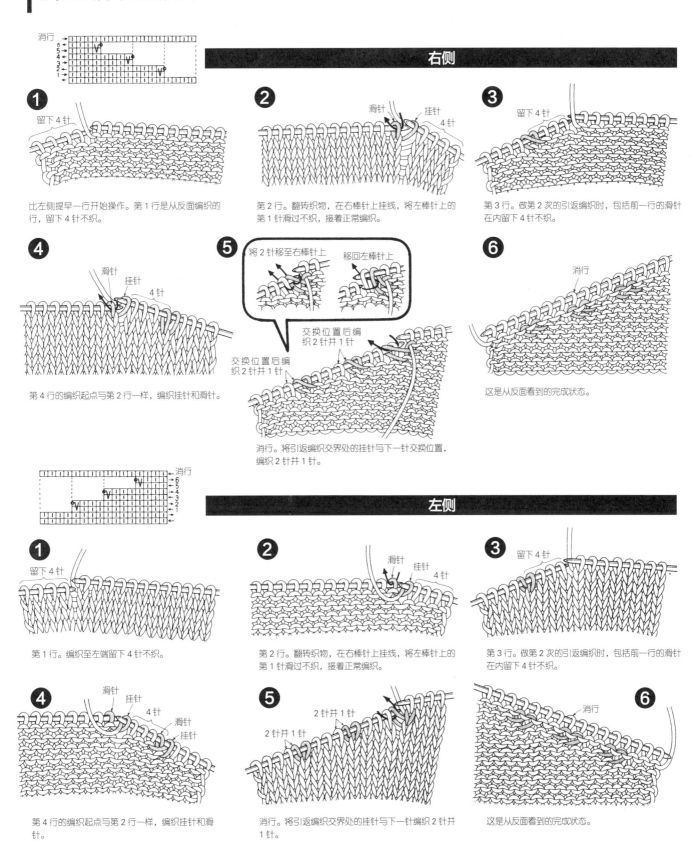

**右侧**

**❶** 比左侧提早一行开始操作。第1行是从反面编织的行，留下4针不织。

**❷** 第2行。翻转织物，在右棒针上挂线，将左棒针上的第1针滑过不织，接着正常编织。

**❸** 第3行。做第2次的引返编织时，包括前一行的滑针在内留下4针不织。

**❹** 第4行的编织起点与第2行一样，编织挂针和滑针。

**❺** 将2针移至右棒针上　移回左棒针上

交换位置后编织2针并1针

交换位置后编织2针并1针

消行。将引返编织交界处的挂针与下一针交换位置，编织2针并1针。

**❻** 消行

这是从反面看到的完成状态。

**左侧**

**❶** 第1行。编织至左端留下4针不织。

**❷** 第2行。翻转织物，在右棒针上挂线，将左棒针上的第1针滑过不织，接着正常编织。

**❸** 第3行。做第2次的引返编织时，包括前一行的滑针在内留下4针不织。

**❹** 第4行的编织起点与第2行一样，编织挂针和滑针。

**❺** 2针并1针　2针并1针

消行。将引返编织交界处的挂针与下一针编织2针并1针。

**❻** 消行

这是从反面看到的完成状态。

# 平均计算的方法

所谓平均计算，是指下摆和袖口的加减针、从身片挑出袖子的针目、针与行的接合、从身片挑出前门襟的针目，以及缝合等情况下，计算出指定针数的加减和行数差的方法。了解平均间隔的计算方法后，编织时会非常方便。这种方法十分简单，请大家务必掌握。

## ★ 在下摆、袖口的切换处做加减针时 ★

### 减针的情况

在下摆、袖口的罗纹针切换处另线锁针起针后分成上下两侧编织时，下摆、袖口的针数要比起针数少。这种情况下如何计算间隔？减针是在编织第1行时做2针并1针的减针。

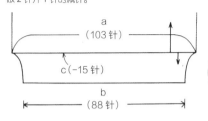

〈例1〉减针的情况

103 针 − 88 针 = 15 针（多的针数减去少的针数，计算出减针数）

88 针 ÷15 针 =5，余 13 针（少的针数除以减针数）

每 6 针减 1 针共 13 次
每 5 针减 1 针共 2 次

☆将其中1次的偶数针目平均分在左右两端减针。

减针的间隔

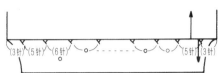

### 加针的情况

从下摆、袖口的罗纹针位置起针后开始编织时，要在身片和袖子前端加针。这种情况下如何计算？加针是在编织第1行时做扭针加针。

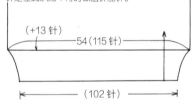

〈例2〉加针的情况

115 针 − 102 针 = 13 针

102 针 ÷13 针 = 7，余 11 针

每 8 针加 1 针共 11 次
每 7 针加 1 针共 2 次

☆将其中1次的偶数针目平均分在左右两端加针。

加针的间隔

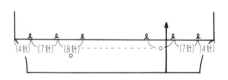

## ★ 从身片挑出前门襟的针目时 ★

这是从前开口毛衣的身片挑出前门襟时的计算方法。先要确定从下摆、衣领的罗纹针部分挑针的方法，剩下的部分再进行平均计算。

● 罗纹针挑针数的确定方法

● 下摆的罗纹针（宽）重复"挑出3针，跳过1行"，多出的行直接挑针。

● 衣领的罗纹针（窄）重复"挑出2针，跳过1行"。

● 身片挑针方法的计算

91 针 −（17 针 + 7 针）= 67 针

100 − 67 = 33 + 间隔数 1

重复"挑出2针，跳过1行"共 33 次，再挑出 1 针

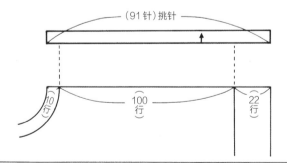

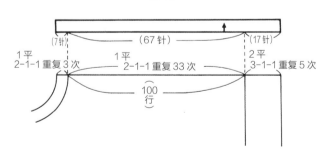

### 行上的挑针

无论是下针还是上针的情况，都在侧边1针的内侧，即针目与针目之间入针，挑出针目。

● 表示入针位置。

下针的情况

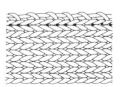

上针的情况

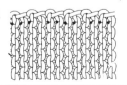

# 接合与缝合的方法

我们将针目与针目的连接叫作"接合",将行与行的连接叫作"缝合",是将各部件组合成作品时使用的方法。

## ★ 引拔接合 ★

这是肩部接合时最常使用的方法。适用于下针编织以及使用下针的编织花样。如果用于上针的编织花样中,接缝会比较明显。将织物正面相对,各将1针移至钩针上,2针一起钩织引拔针固定。

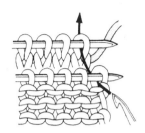
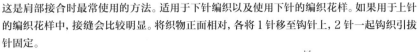

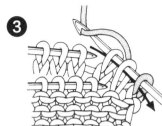

## ★ 盖针接合 ★

常用于肩部的接合。因为多出一个步骤,适合稍有编织经验的人,以及上针编织花样的接合。将前身片放在前面,后身片放在后面,使2片织物正面相对,从前面的针目中拉出后面的针目,再钩织引拔针固定。

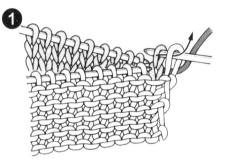

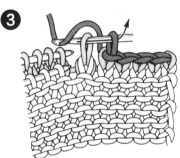

## ★ 挑针缝合 ★

用于胁部和袖下的缝合。将织物正面朝上对齐,一行一行地挑取边针内侧的横向渡线进行缝合。加针的地方,则挑取扭针的针脚。将缝合线拉至看不到针迹为止。

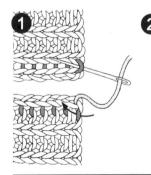
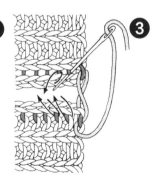
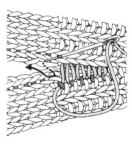
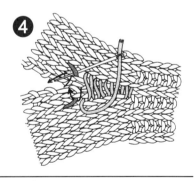

## ★ 引拔缝合 ★

接袖时常用的方法。将2片待缝合的织物正面相对,用钩针在边上1针的内侧引拔连接。技巧十分简单,初学者也能很快掌握。

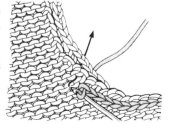

## ★ 半回针缝 ★

将2片织物正面相对,用半回针缝进行缝合的方法。在尖头毛线缝针中穿入缝合线,在边上1针的内侧进行缝合。缝合时,针要垂直于织物出针、入针。作为缝合技巧,有一定的难度。

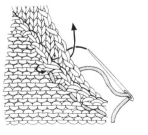

备案号：豫著许可备字-2021-A-0110

**图书在版编目(CIP)数据**

志田瞳四季花样毛衫编织．4／（日）志田瞳著；蒋幼幼译．— 郑州：河南科学技术出版社，2023.5（2024.2重印）

ISBN 978-7-5725-1133-2

Ⅰ．①志… Ⅱ．①志…②蒋… Ⅲ．①毛衣－编织－图集 Ⅳ．① TS941.763-64

中国国家版本馆CIP数据核字(2023)第041212号

出版发行：河南科学技术出版社
　　　　　地址：郑州市郑东新区祥盛街27号　邮编：450016
　　　　　电话：(0371)65737028　　65788613
　　　　　网址：www.hnstp.cn
责任编辑：刘　欣　梁　娟
责任校对：刘逸群
封面设计：张　伟
责任印制：张艳芳
印　　刷：郑州新海岸电脑彩色制印有限公司
经　　销：全国新华书店
开　　本：889 mm×1194 mm　1/16　印张：10　字数：400千字
版　　次：2023年5月第1版　2024年2月第2次印刷
定　　价：59.00元

如发现印、装质量问题，影响阅读，请与出版社联系并调换。